Cerebro, espacio y tiempo

LISET M. DE LA PRIDA

Cerebro, espacio y tiempo

La neurociencia de cómo navegamos por la realidad, la memoria o el futuro

SEGUNDA EDICIÓN

GUADALMAZÁN

GUADALMAZÁN • COLECCIÓN DIVULGACIÓN CIENTÍFICA
Edición de ANTONIO CUESTA

www.editorialguadalmazan.com

TALENBOOK, S.L.
C/ Cervantes, 26 · 28014 · Madrid

Imprime: GRÁFICAS LA PAZ
ISBN: 978-84-19414-86-1
Depósito Legal: M-18859-2025
Hecho e impreso en España - *Made and printed in Spain*

Índice

Nota del editor

Hay algo inquietante en la pregunta «¿dónde estoy?». No porque sea especialmente compleja —cualquier niño puede responderla señalando con el dedo—, sino porque detrás de esa aparente obviedad se esconde uno de los misterios más fascinantes de la neurociencia moderna.

La genial Liset de la Prida lleva años desentrañando los secretos de nuestro GPS neuronal desde el Instituto Cajal. Y resulta que ese sofisticado sistema hace mucho más que orientarnos. Organiza nuestros recuerdos, construye nuestra experiencia del tiempo y, de paso, nos permite sobrevivir a las serpientes como cualquier musaraña que se precie.

Las células de lugar del hipocampo construyen mapas mentales mientras las células de retícula tejen coordenadas cartesianas en nuestro cerebro. Los ritmos cerebrales comprimen secuencias neuronales para que recordemos retrospectivamente o anticipemos el futuro. El hipocampo funciona como un editor implacable que reordena nuestras experiencias hasta convertirlas en el relato coherente —aunque no siempre fidedigno— que llamamos memoria.

Los sistemas de realidad virtual explotan nuestras representaciones espaciales ancestrales del mismo modo que nuestro cerebro procesa un paseo por el parque. Las interfaces cerebro-máquina cartografían un futuro donde la frontera entre mente y materia se desdibuja. La inteligencia artificial nos obliga a repensar qué significa ser humano, y resulta que la respuesta puede estar en cómo una rata encuentra la salida de un laberinto.

Borges usaba el laberinto como símbolo del desconcierto. Quizás nunca imaginó que llevamos el laberinto más sofisticado del universo entre las orejas, y que desentrañar sus secretos nos ayudaría a entender no solo dónde estamos, sino quiénes somos. Esperamos que los lectores disfruten con estas páginas tanto como nosotros hemos disfrutado editándolas. Al fin y al cabo, solo se trata del órgano más complejo del cosmos, el mismo que determinará nuestro futuro como especie.

Antonio Cuesta

Introducción

Hace más de quinientos millones de años, nuestro planeta estaba dominado por una inmensa masa continental, el supercontinente Pangea, que asomaba por encima de un enorme y profundo océano. El sol penetraba cada día en aquel caldo de cultivo, regulando la temperatura y catalizando la formación de nuevos compuestos. En aquel mar inmenso se cocinaba la vida, abriéndose paso a partir de simples células y de los primeros organismos pluricelulares que precedieron a la explosión cámbrica.

Si el origen de la vida es un misterio, saber cómo surgió el cerebro que nos orienta en el espacio y en el tiempo parece una pregunta todavía más complicada de responder. El órgano encargado de estas habilidades es un sistema complejo de redes que conectan los sensores externos con un intrincado bosque de células especializadas en codificar la información del mundo que nos rodea. Esa función se desarrolló a partir de soluciones simples con las que los organismos primitivos consiguieron abrirse paso en el vasto océano. No sabemos realmente en qué momento se formaron las neuronas, pero parece que los canales iónicos responsables de una de sus características más importantes, la excitabilidad eléctrica, ya estaban presentes en algunas bacterias.

Sacudidos por las olas y asolados por riesgos de todo tipo, algunos de aquellos seres desarrollaron la capacidad de sobrevivir gracias a que podían buscar alimento, localizar el peligro y huir. Así, la necesidad de moverse tuvo un papel fundamental en la evolución del sistema nervioso. Las ascidias, una especie de tunicados marinos, son un buen ejemplo de ello. Nacen en forma de larvas provistas de un ojo sencillo y un órgano para el equilibrio que les permiten nadar moviendo espasmódicamente su cola. Cuando están suficientemente desarrolladas, se adhieren a las rocas e inician un proceso de metamorfosis que las lleva a atrofiar el ganglio cerebral. Si no van a moverse pueden prescindir de él.

En aquellos organismos, los sensores captaban los estímulos y un cerebro primitivo mediaba en las respuestas, como simples reflejos automáticos. Cuando aparecieron los primeros animales terrestres, el movimiento se convirtió en el rey de todas las estrategias. Entonces ser capaces de encontrar el camino de vuelta, o los atajos para escapar, empezó a ser una solución de primera mano en aquel paraíso de la biodiversidad, y los animales incorporaron poco a poco un sentido de la orientación. Pero el movimiento tuvo otro efecto fundamental en el reino animal: conectó el mundo interno representado en el cerebro con el mundo físico mediante acciones voluntarias en respuesta a los estímulos. Esto provocó que algunos de estos seres fueran capaces de transformar las cosas que los rodeaban y de hacer predicciones mentales que reforzaban su conducta.

Si el movimiento fue un motor esencial para el desarrollo del sistema nervioso, la capacidad de orientación espacial fue el germen de algunas de las funciones superiores del cerebro humano. Navegar por el espacio supuso encontrar elementos y experiencias en el camino y ordenarlos en el tiempo. Algunas propiedades fundamentales de los sistemas neuronales más sencillos se pusieron al servicio de la habilidad de relacionar estímulos y respuestas con su contexto espaciotemporal. La evolución paralela de formas simples de memoria, ya presentes en moluscos como *Aplysia* o *Hermissenda*, con los sentidos del tacto, el olfato, el oído y la vista en los primeros vertebrados, dio lugar a un sistema neuronal especializado en la navegación. Localizar y relacionar estímulos encontrando sitio para escapar del peligro fue posiblemente la forma más primitiva de orientación espacial.

La presión evolutiva en un mundo tan dinámico actuó seleccionando estas soluciones neuronales a través de las diferentes especies y en función de las demandas. Los reptiles y las aves ya tenían incorporado un sistema de orientación en sus prehistóricos cerebros, una especie de GPS que los ayudaba a registrar sus caminos y ya de paso algunas de las experiencias vividas. Aquello evolucionó lentamente mientras sus cerebros crecían apretados contra el cráneo, añadiendo nuevas capas de neuronas en una suerte de cáscara que envolvió a los primeros núcleos neuronales.

La expansión de la corteza cerebral en los mamíferos obró un nuevo milagro. El rudimentario GPS comenzó a alejarse de las cortezas sensoriales primarias con la irrupción de hasta veinticinco nuevas áreas corticales destinadas a sofisticar la computación de los estímulos básicos. En los primeros primates, la visión como sentido dominante tomó ventaja, priorizando su efecto sobre la localización espacial, pero las conexiones con las áreas de asociación facilitaron la construcción de nuevas percepciones. Las zonas parietales y temporales de estos evolucionados cerebros comenzaron a integrar modalidades sensoriales en representaciones cada vez más abstractas de la realidad. El GPS neuronal se desdobló de una manera exponencial para representar cualquier asociación posible y, mediante sus conexiones con la parte más frontal de la corteza cerebral, ganó una influencia funcional sin precedentes.

Desde las soluciones neuronales más simples hasta el nuevo diseño evolutivo en los primates, el sistema de posicionamiento neuronal había superado la consideración del espacio como mero contenedor de estímulos. La capacidad de los primeros cerebros para detectar y ordenar secuencias sensoriales se integró con las nuevas percepciones asociativas, creando un sentido del tiempo en el rastro de las memorias que hilvanaban los recuerdos. La complejidad de las conexiones entre regiones cerebrales sofisticó las redes neuronales, y el cerebro adquirió un nuevo sentido de la realidad. El mundo se internalizó mediante una representación que algunos animales supieron explotar. Las ardillas empezaron a anticipar automáticamente el invierno y a guardar semillas, los tigres aprendieron a esperar para saltar sobre sus presas y los chimpancés fueron conscientes de sus recuerdos. El espacio y el tiempo se habían fusionado en una construcción mental para hacerse con el mundo.

En el calendario cósmico que nos ha traído hasta aquí han pasado muchas cosas. Desde aquel 1 de enero universal en el que supuestamente empezó todo tras el Big Bang, hasta la noche de este alargado 31 de diciembre en el que nos encontramos hoy, la naturaleza fue capaz de crear el más sofisticado de todos los órganos. El cerebro humano es posiblemente su producto más depurado. Nuestro sistema de posicionamiento neuronal es mucho más que un GPS espacial o una máquina del tiempo.

Explicar cómo vemos es relativamente sencillo. Explicar cómo interpretamos lo que vemos lleva detrás un calendario cósmico entero que no se puede reducir a las pocas páginas de un libro. Nuestro sistema de representación mental es una abstracción que todavía buscamos entender.

Nuestro cerebro ha resultado ser un instrumento fabuloso de transformación. Con su ayuda hemos creado cosas para llegar a los sitios más increíbles. Hemos navegado por el mundo y localizado todas sus islas, hemos bajado a las profundidades abisales y a los espacios microscópicos dentro las células, hemos subido las montañas más altas de nuestro planeta y hemos pisado la Luna. Hoy en día, las nuevas tecnologías irrumpen a imagen y semejanza de nuestras redes neuronales más profundas, la inteligencia se generaliza en organismos artificiales con los que aprendemos a interaccionar y las computadoras son capaces de aprender y evolucionar con nosotros. La realidad virtual y ampliada expande aún más nuestro mapa mental y fuerza nuevas representaciones y abstracciones en un espacio digital enriquecido por el que podemos navegar con los mismos recursos neuronales que nos han ubicado en el espacio y en el tiempo natural.

Así, hemos llegado a este último segundo del calendario cósmico universal en el que se agolpa toda la historia. En este brevísimo intervalo de tiempo asoman todos los hitos que hemos sido capaces de conseguir, pero también todos nuestros fracasos y desafíos como especie responsable, no ya de nosotros mismos, sino de lo que tanto tiempo costó a la naturaleza construir. Mirando hacia delante en el tiempo, es el momento de impulsar un cambio fundamental en las reglas que han guiado la evolución de nuestro cerebro. A partir de ahora se acelera nuestra simbiosis con las máquinas para formar inteligencias híbridas que expandan nuestra capacidad mental y física.

Pero en ese camino no debemos olvidarnos de dónde venimos y hacia dónde vamos; de la verdadera esencia de nuestro cuerpo y nuestra mente, del alma de lo que somos y de cómo queremos construir un futuro habitable donde quepan todas las sensibilidades humanas y la naturaleza que nos ha traído hasta aquí. ¡Empezamos!

«El mapa no es el territorio».
Alfred Korzybski

EL GPS NEURONAL

«¿DÓNDE ESTOY? ¿CÓMO LLEGUÉ HASTA AQUÍ?», SON PREGUNTAS QUE NOS HACEMOS REPETIDAMENTE. MIENTRAS EXPLORAMOS, NUESTRO CEREBRO CONSTRUYE UN MAPA MENTAL DEL MUNDO QUE NOS RODEA. LOS MISMOS CIRCUITOS NEURONALES ENCARGADOS DE LOCALIZARNOS EN EL ESPACIO, ORGANIZAN NUESTROS RECUERDOS Y POTENCIAN NUESTRA CAPACIDAD MENTAL. NUESTRO GPS CEREBRAL NOS PERMITE REPRESENTAR EL AHORA, VIAJAR MENTALMENTE AL PASADO Y PROYECTARNOS HACIA EL FUTURO.

El cerebro es el órgano más complejo de nuestro cuerpo, el responsable de nuestra percepción. Somos lo que sentimos, lo que recordamos, lo que imaginamos y soñamos; una construcción mental que incorpora, por un lado, la realidad del mundo físico en el que vivimos y, por otro, nuestra interpretación de todo lo que sucede.

¿Cómo percibimos el mundo, nos ubicamos en él y generamos esa imagen mental? Estamos determinados por la estructura de nuestro sistema nervioso. Experimentamos la realidad a través de los sentidos; los órganos que traen la luz, el olor, los sonidos, el tacto y los sabores hacia el interior de esta masa gris, eléctrica y palpitante donde se produce la abstracción. Es precisamente esta abstracción la que nos sitúa y nos define.

El cerebro está compuesto esencialmente por neuronas, células especializadas en producir y transmitir impulsos eléctricos. Esta actividad es la base de toda la representación mental, pero por sí sola no puede explicar la complejidad de nuestra capacidad cognitiva. En las diferentes regiones del cerebro, las neuronas se conectan entre sí a través de las sinapsis, que actúan como enchufes, dejando pasar la señal eléctrica a través de circuitos especializados. Los circuitos conectan los diferentes núcleos cerebrales con la corteza, ese gran manto gris plegado donde se consuma el procesamiento más elaborado. Explicar científicamente cómo vemos puede ser simple: los ojos contienen receptores para la luz, que traducen las señales luminosas en eléctricas; las señales eléctricas viajan por el nervio óptico hacia el tálamo cerebral, el centro rector de los estímulos sensoriales, y activan una red de neuronas que envían nuevas señales a la corteza visual. Allí atrás, bajo nuestro cráneo, el mundo yace proyectado. Explicar cómo interpretamos y qué hacemos con esa imagen es mucho más complejo.

Todo ocurre en un lugar y en un momento. Nuestro cerebro está equipado con una especie de GPS o localizador formado por una red de neuronas especializadas que nos ayudan a navegar por el espacio y registrar las experiencias que acontecen. La actividad eléctrica de estas células nerviosas representa un producto más elaborado que la simple combinación de los estímulos sensoriales que capturamos. Nos indican nuestra posición actual, la proximidad a los objetos y la dirección de nuestro movimiento. Señalizan dónde estamos y de dónde venimos. Pero también son capaces de calcular y guardar la huella mental de nuestro recorrido. Este mismo mecanismo otorga un orden a las percepciones y las pone en relación con otros episodios. Esto crea una estructura de recuerdos enlazados, una representación donde no hay nada absoluto, ni el espacio ni el tiempo en el que pasaron las cosas.

Las investigaciones más recientes en neurociencias demuestran que el sistema de posicionamiento cerebral sirve para propósitos más amplios que la mera ubicación espacial. Es en realidad el artífice de un atlas para la navegación mental, capaz de jugar adelante y atrás con la memoria, recordando e imaginando un espacio de opciones construidas a partir de las experiencias. Desde esta perspectiva, la localización en el mundo real es solo un marco al que vincular lo que nos pasa. Lo que realmente le importa al cerebro es el contexto global y su posible interpretación a la hora de tomar decisiones y de actuar. Esta interpretación es clave, porque el propósito general de cualquier sistema inteligente es informarse del resultado de las acciones y aprender de la experiencia. Chocar varias veces con una pared es no entender el mundo.

Casi todo lo que hemos ido creando ha sido inspirado por la naturaleza, es el resultado de una proyección mental: hemos afilado piedras, nos hemos camuflado en el fango, hemos construido barcos viendo flotar los troncos secos y hemos podido volar imitando las alas de los pájaros. El resultado de ese esfuerzo nos ha devuelto la certeza de que somos capaces de entender el mundo y de que podemos modificar aquello que nos rodea. Estudiar cómo el cerebro nos permite ubicarnos en el espacio no solo nos ayuda a comprendernos, a abordar las preguntas con las que nuestros antepasados ya miraron el cielo, ¿dónde estoy?, ¿cómo llegué hasta aquí?, sino también a imitar aquello que nos define. De esa inspiración no nacerá una inteligencia artificial amenazante, sino una oportunidad para extendernos más allá de la inmensidad inasumible de los espacios que nos quedan por explorar.

EL ESPACIO, EL LUGAR Y LOS SENTIDOS

El espacio es la extensión que contiene toda la materia existente, la parte que ocupan los objetos, la separación entre cuerpos, lo que hay fuera de nosotros. Curiosamente, la definición de espacio se extiende a casi todas las ramas del saber. Existe el espacio geográfico y arquitectónico, el escénico, el espacio urbano y público, el intergaláctico, el intersticial, el espacio exterior e interior. De algún modo, esto demuestra el papel que desempeña el espacio en nuestra capacidad de comprensión del mundo; el papel que le damos a la hora de establecer conceptos y abstracciones.

El espacio está fuera y existe independientemente de nosotros, pero para poder comprenderlo necesitamos internalizarlo y convertirlo en un código neuronal. El espacio interior es todo aquello que fabricamos en nuestra mente. No es un reflejo fiel del mundo, porque está pasado por el filtro emocional y racional de cada uno, pero se parece a él. El espacio interior es un modelo, un mapa, un atlas. En su representación existe una parte objetiva, necesaria para recorrer el mundo físico, y otra parte deformada y personal, un sesgo mental. Cuanto más sabemos del cerebro, más entendemos cómo y cuánto estamos definidos por estos sesgos.

El cerebro se hace con el espacio a partir de la representación del lugar que ocupamos, concebido como sitio, como punto de inserción y como centro de referencia. Representamos el espacio a partir de esta perspectiva. En la larga historia evolutiva que nos ha traído hasta aquí, el sistema neuronal de navegación espacial fue de los primeros en desarrollarse. Hace miles de millones de años, los organismos más simples fiaron su capacidad de supervivencia a la habilidad de detectar estímulos y reaccionar a ellos: sentir la luz y el roce, detectar las zonas de mayor concentración de azúcares. Todo ello configuraba un espacio por el que era más seguro moverse.

Empujados por esa presión, los mecanismos simples de estímulo-respuesta fueron configurando un sistema cada vez más elaborado y optimizado. Los individuos más hábiles para explorar en busca de sustento o escapar huyendo del peligro, fueron sobreviviendo y seleccionándose lentamente. Las soluciones evolutivas más eficientes pasaban por acoplar los sentidos al órgano ejecutor o efector a través de rápidos reflejos automáticos. Pero un reflejo es impulsivo por definición y no siempre es necesario huir. En algún momento, el sistema más simple de estímulo-respuesta, de acción-reacción, intercaló capas ocultas de neuronas. Este sistema más elaborado refinó las respuestas a los estímulos, aprendió de ellos y generó memoria. Y estos individuos desarrollaron habilidades añadidas. Ahora ya no reaccionaban a cada impulso de luz, a cada roce o a cada cambio de presión. Esta ventaja adaptativa les dejó con un excedente cognitivo con el que pudieron optimizar la navegación, que luego aprovecharon para organizar los recuerdos de los sitios y lugares, y eso los llevó a formas avanzadas de cognición.

Los rudimentos del sistema neuronal de posicionamiento espacial ya estaban presentes en los seres vivos desde los reptiles. El hipocampo, esa estructura cerebral de formas curvas y contenedor de nuestro GPS mental, ya aparece en la versión más primaria de esta especie. Pero a lo largo del árbol evolutivo encontramos otros organismos que incorporan algunos de sus elementos básicos, como las hormigas. Por muy sofisticado que creamos es nuestro cerebro, en el fondo se rige por mecanismos simples, depurados a lo largo de la evolución, entrelazados capa a capa, en una complejidad creciente de la que emergen las funciones superiores. La presión que supuso la representación del espacio sensorial nos dejó un regalo: un sofisticado sistema de abstracción. El espacio, el lugar y los sentidos han construido un sistema neuronal único para representarnos y entender el mundo.

Células de lugar

La tradición empirista de entender las asociaciones entre estímulo y respuesta ha sido fundamental para desentrañar el funcionamiento del cerebro y su capacidad de representación. De acuerdo a este formalismo, el cerebro puede ser considerado como un dispositivo que capta los estímulos, los integra y elabora algún tipo de respuesta. Estudiando esas respuestas a diferentes niveles es posible inferir sobre los mecanismos que las generan.

El neurofisiólogo canadiense David Hunter Hubel y el neurobiólogo sueco Torsten Wiesel, que recibieron conjuntamente el premio Nobel de Fisiología o Medicina en 1981, desarrolla-

Los microelectrodos fueron desarrollados en 1957 por el neurofisiólogo canadiense David Hubel utilizando hilos de tungsteno de unas veinte micras de diámetro que eran afilados para conseguir puntas finísimas de unas pocas micras. Hubel notó que cuando estos hilos quedaban cerca de los cuerpos neuronales, eran capaces de registrar los impulsos eléctricos de células individuales, más grandes en función de la distancia entre el electrodo y la neurona. En 1981 recibió el premio Nobel de Fisiología o Medicina, junto con Torsten Nils Wiesel y Roger Wolcott Sperry, por sus investigaciones sobre la fisiología de la corteza cerebral. En 1983, el neurocientífico canadiense Bruce McNaughton inventó los tetrodos, enrollando cuatro hilos de tungsteno, lo que permitía explotar las variaciones del tamaño de los impulsos en cada uno de los cuatro electrodos para clasificar la actividad proveniente de diferentes células. Las versiones más modernas, conocidas como sondas multielectrodo, utilizan la microelectrónica y técnicas de fotolitografía para dibujar los microelectrodos sobre substrato de silicio.

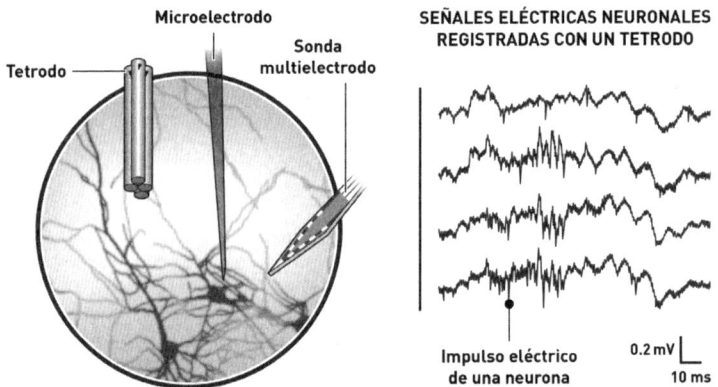

Diferentes métodos de registro de la actividad neuronal: microelectrodos, tetrodos y sondas microelectrodos. A la derecha, señales obtenidas con un tetrodo, donde se aprecian varios impulsos eléctricos de neuronas diferentes.

ron este enfoque en sus estudios sobre la visión, iluminando el ojo con franjas móviles mientras registraban las respuestas eléctricas con unos microelectrodos. Algunas neuronas de la corteza visual responden emitiendo señales cuando las franjas luminosas pasan por un determinado lugar del campo visual: el campo receptivo. Existen neuronas con campos receptivos complejos capaces de detectar bordes entre franjas o incluso el movimiento en determinadas direcciones. Nuestra corteza visual es como una pantalla neuronal formada por células nerviosas especializadas en representar los aspectos más simples del espacio, como un juego de luces y sombras, con las que construye una imagen compleja. Vemos el mundo a partir de esta construcción.

Pero, ¿cómo sabe nuestro cerebro dónde estamos? En 1971, el neurofisiólogo británico-estadounidense John O'Keefe buscaba un paradigma para responder a esta pregunta. No le bastaba con registrar las respuestas a estímulos simples, porque el espacio es difícilmente simplificable. Necesitaba ver la actividad espontánea del cerebro, sin perturbarla; es decir, quería ver el sistema en acción. El mundo siempre ha sido un espacio a explorar. No hay cosa que no exista en un lugar y en un momento dados. La luz proyectada en nuestra retina transforma estos elementos en un espacio mental. O'Keefe intentaba comprender dos abstracciones: el mundo como representación y el cerebro como un mapa.

Para entender cómo el cerebro representa el espacio es necesario evaluar la actividad neuronal mientras lo recorremos. Esto supone un reto técnico: necesitamos aislar la señal de las neuronas en condiciones de una gran inestabilidad mecánica. Los microelectrodos utilizados en los estudios de la corteza visual permitían registrar las señales eléctricas emitidas por neuronas individuales. Estas señales rápidas, de unas decenas de milivoltios, son conocidas como potenciales de acción. Entonces se utilizaban ratas para estudiar aspectos cognitivos básicos, así que O'Keefe decidió usar el mismo recurso para ver la actividad neuronal mientras los animales exploraban el espacio. Para registrar los potenciales de acción en estas condiciones era necesario acercar los microelectrodos hasta la zona de interés y mantener su posición estable con respecto a las neuronas. Ello se pudo hacer gracias a la invención de unos ligeros tornillos con los que movían los finísimos cables, mientras los roedores campaban libremente.

Cuando O'Keefe y su discípulo Jonathan Dostrovsky insertaron los microelectrodos en el hipocampo de ratas en movimiento descubrieron algunas neuronas que se activaban cuando el animal pasaba por un lugar, como un campo receptivo, pero esta vez espacial (fig. 1). Si en el cerebro de aquella rata cada posición era representada por la actividad de un grupo de células de lugar, el espacio entero estaría codificado en la actividad de todas ellas. El hipocampo contendría el reflejo instantáneo de un mapa: el mapa del espacio que ocupamos.

El hipocampo es una estructura cerebral profunda, alojada en el lóbulo temporal, que desempeña un papel esencial en la memoria. Anatómicamente, está muy alejado de la cor-

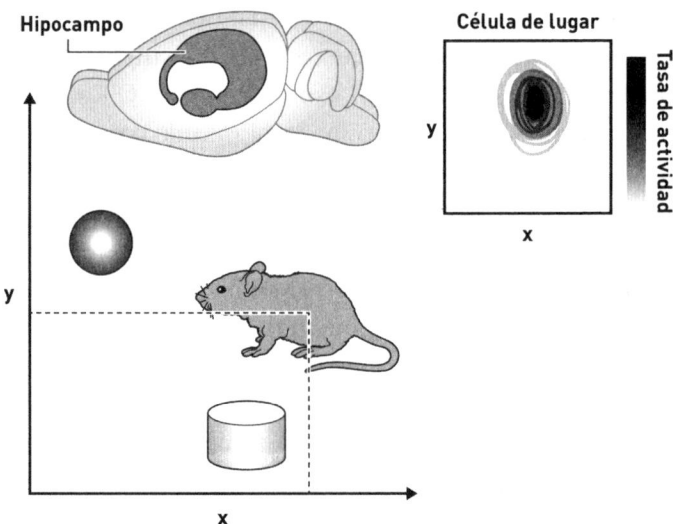

Figura 1: Correspondencia entre la localización física del sujeto en el eje de coordenadas (x, y) y la tasa de actividad de una célula de lugar registrada en su hipocampo. Arriba, región del hipocampo de la rata donde se registran las células de lugar. A la derecha, la actividad de una célula de lugar proyectada en el plano de coordenadas del espacio.

teza visual, por lo que el camino neuronal es tortuoso. Haces de fibras nerviosas parten desde la corteza visual primaria hacia la secundaria en la parte inferior del lóbulo temporal. Desde allí, otras neuronas envían terminales hacia la corteza entorrinal, situada en la parte interior. Las neuronas entorrinales dan lugar a la principal entrada cortical al hipocampo, de manera que la información originada en la corteza visual puede seguir su curso transináptico hasta llegar a la zona registrada por O'Keefe.

Pronto, otros investigadores confirmaron la existencia de las células de lugar en el hipocampo. O'Keefe y el psicólogo Lynn Nadel desarrollaron su teoría en uno de los libros que más han influido en la neurociencia moderna, *The hippocampus as a cognitive map* (*El hipocampo como mapa cognitivo*) publicado en 1978. La idea se gestó a partir de los debates iniciados por la visión de Isaac Newton y Gottfried Leibniz sobre la naturaleza objetiva del espacio, confrontada con el apriorismo de Immanuel Kant sobre su representación mental. En aquel momento el estudio del comportamiento de ratas y palomas resultó fundamental para cuestionar que el espacio psicológico fuera un concepto rígido, predefinido. El espacio mental tenía que reflejar algo más que la mera disposición de los objetos.

Trabajando con ratas y laberintos, el psicólogo cognitivo estadounidense Edward Tolman observó cómo estos animales, después de un período de exploración libre, eran capaces de encontrar atajos. Para Tolman esto mostraba que podían aprender con la experiencia, fabricarse una idea mental del espacio y elaborar estrategias flexibles para resolver problemas simples, como localizar la comida o volver hacia la guarida. Esta visión contrastaba con los enfoques conductistas del momento, según los cuales el aprendizaje estaba solamente dirigido por el tándem estímulo-refuerzo. Pero Tolman creía que los animales elaboraban hipótesis o estrategias que ensayaban y refinaban con la experiencia. Cuando una rata asoma su cabeza por una esquina, mientras olisquea y bate sus bigotes, está confrontando su mapa mental con la imagen

El hipocampo y la corteza entorrinal constituyen un sistema neuronal con funciones únicas en la memoria y la navegación espacial. El Cornu Ammonis o asta de Amón, uno de los dos giros que conforman el hipocampo, fue dividido en las regiones CA1, CA2 y CA3. El otro se conoce como el giro dentado. Un haz de fibras procedente de la corteza entorrinal penetra el giro dentado, para hacer sinapsis en los penachos dendríticos de las células granulares. De ellas surgen las fibras musgosas, que se abren camino por el estrato lúcido hasta alcanzar a las neuronas piramidales de la región CA3. Los axones de las neuronas de CA3 se bifurcan profusamente, estableciendo numerosos contactos con las neuronas vecinas. Los colaterales de Schaffer parten de CA3 para contactar con las neuronas de CA1. Tres pasos sinápticos, el conocido como circuito trisináptico, conectan la corteza entorrinal con las células de lugar de CA1. Las neuronas de CA1 proyectan sus terminales hacia el subículo y la corteza entorrinal, cerrando el circuito en un lazo neuronal que favorece el reciclado permanente de la actividad.

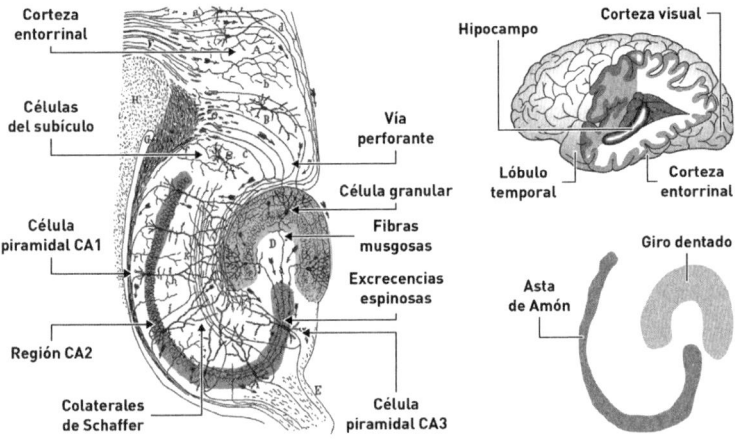

Localización de las principales partes del hipocampo sobre un dibujo del neurocientífico español Santiago Ramón y Cajal (izquierda).

del mundo. Este mapa no es una suma pasiva de los estímulos sensoriales, ni un automatismo conductual.

De esta manera, la idea de que las células de lugar representan el mapa cognitivo tomó fuerza en el debate científico. Si asumimos el formalismo newtoniano del espacio físico, el sistema de células de lugar del hipocampo proyecta mentalmente punto a punto la localización del sujeto, un sistema de coordenadas que tiene su imagen mental en las células de lugar: (x, y). De algún modo, estas neuronas del hipocampo están computando la formulación matemática más simple del yo.

Sin embargo, el sistema de células de lugar por sí solo aporta poca información. A partir de la actividad de estas neuronas se puede identificar la posición instantánea del sujeto, pero no inferir la ruta pasada. Tampoco podemos predecir las rutas futuras, solo el momento. Quizás, ni siquiera el cerebro de la rata pueda hacerlo. ¿O sí?

El asombroso comportamiento de los campos espaciales delata influencias más complejas que la mera localización espacial. Cuando las ratas exploran laberintos lineales, las células de lugar muestran cierta dependencia con la dirección de la marcha. Por ejemplo, solo identifican un sitio cuando el animal se aleja del inicio del laberinto, pero no cuando pasa de vuelta por este mismo lugar. Es decir, no están solo representando la localización del sujeto, sino algún aspecto adicional que identifica el espacio. Algunos campos receptivos espaciales rotan con las pistas externas disponibles, como si en realidad señalizaran la posición con relación a una ventana o a un cuadro que cuelga de la pared. Sorprendentemente, los campos espaciales permanecen latentes incluso cuando estas pistas son eliminadas, como una memoria del espacio que ya ocupamos. Así pues, el mapa no es el territorio.

Células de dirección

La capacidad de movernos por el espacio requiere de ciertas facultades. Para saber hacia dónde vamos, necesitamos, como mínimo, saber dónde estamos y qué dirección llevamos. De no ser así, todas las rutas desde un punto serían equiprobables y nuestro deambular no sería muy diferente al de una mota de polvo errando a través de un haz de luz. Si al sistema de coordenadas de las células de lugar se le añade un sentido de dirección, podremos recuperar no solo la posición actual, sino hacer inferencias sobre la ruta pasada y la futura. Para ubicarnos, el cerebro necesita dotar al sistema de células de lugar de un sentido de la dirección del movimiento, reconvertir la formulación anterior de escalar a vector $\overrightarrow{(x, y)}$.

¿Existe algún mecanismo neuronal que permita esta transformación? Volvamos al ojo y sus efectos. Cuando nos movemos, el mundo pasa de largo, se acumula a nuestras espaldas. La exploración impone un flujo visual en la retina, que se transforma en franjas móviles. Esta información se convierte en campo receptivo en la corteza visual. La vía visual hacia el hipocampo no solo refleja la foto fija del espacio que vemos, sino el sentido de nuestra marcha capturado a partir del flujo de luces y sombras que creamos con nuestro andar. Es como si las imágenes que vamos dejando atrás imprimieran un carácter vectorial al mundo, como la estela espumosa de un barco que avanza.

Pero no solo el flujo óptico vectoriza nuestro GPS. Con el balanceo del cuerpo y de la cabeza se agita el líquido gelatinoso que llena nuestro oído interno. Allí, todo un sistema de células codifica las señales mecánicas que informan sobre el movimiento de la cabeza en los tres ejes del espacio y transforma la energía mecánica en señales eléctricas. Son como chispas que viajan por el nervio coclear hacia el interior de nuestro cerebro. Es un acelerómetro natural, evolucionado tras miles de millones de años a base de lidiar con el movimiento. Esta información llega al hipocampo y la corteza entorrinal desde los núcleos anteriores del tálamo cerebral y allí converge de algún modo en unas células nerviosas especiales.

Los neurocientíficos estadounidenses James Ranck y Jeffrey Taube estudiaban el subículo, otra región hipocampal, cuando notaron que algunas neuronas emitían señales en función de la dirección de la cabeza de la rata. Cuando el animal miraba al norte, las señales eléctricas eran emitidas por células que señalizaban las 12 horas. Si giraba al sur, estas callaban y entonces se encendían las que apuntan a las 6 horas, 180° abajo. Esta señal era independiente de la posición, no estaba influida por el espacio. Habían descubierto las células de dirección. Del mismo modo que las células de lugar mapean el espacio físico, el cerebro contiene una colección de neuronas que cubren los 360° del espacio angular de todas las orientaciones posibles: una rosa de los vientos, una brújula mental orientada por la dirección a donde apuntan nuestros ojos (fig. 2).

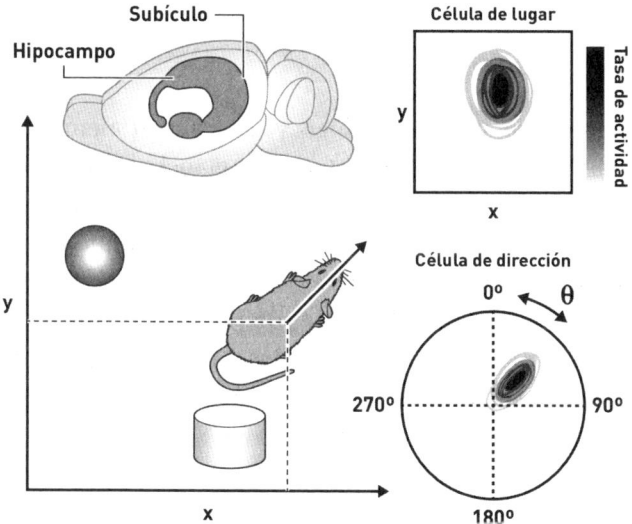

Figura. 2: Las células de dirección del subículo representan, con su tasa de actividad, la orientación de la cabeza del sujeto alrededor de 360° y, por lo tanto, identifican el sentido de la marcha. A la derecha, un ejemplo de célula de dirección típica de subículo. Arriba, posición aproximada del subículo en el cerebro de la rata.

Con las células de dirección, el cerebro obtiene una información clave para calcular de dónde venimos y hacia dónde vamos. Ellas actúan como los vectores que el GPS necesita. Con la información de posición y dirección, podríamos estimar la trayectoria. Usando este mecanismo, los ratones salvajes salen de sus escondites explorando el entorno. En cuanto huelen el peligro, corren como flechas apuntando a la madriguera. De manera parecida, las tribus siberianas del mar de Chukotka son capaces de abrirse paso entre los ondulantes hielos, vagando en busca de morsas y focas que, una vez capturadas, cargan como trofeos directamente hacia la aldea, sin deshacer lo andado. En ambos casos han utilizado su GPS neuronal para orientarse espacialmente, optimizando la exploración hasta el límite de ser capaces de encontrar atajos. No solo se trata de saber dónde estamos, sino de cómo podemos volver de la manera más directa posible. ¿Cómo reconstruye el cerebro el camino y es capaz incluso de imaginar trayectorias no exploradas?

Integración de ruta

En la década de 1980, el biólogo y cibernético alemán Horst Mittelstaedt realizó en el Instituto Max Planck de Baviera unos experimentos clave para entender que lo que orienta a ratones y seres humanos lo llevamos incorporado. Utilizando una plataforma giratoria circular, expuso a gerbos hembras a la búsqueda de sus cachorros localizados en algún punto del disco. Cuando la plataforma permanecía inmóvil, los animales vagaban hasta dar con las crías y volver con ellas entre los dientes directamente al nido situado en el borde firme. Sin embargo, cuando los investigadores giraban suavemente el disco, los gerbos desviaban su camino de vuelta exactamente el ángulo rotado.

Con los elementos más simples del GPS neuronal, un matemático podría calcular la ruta. El camino es la suma de sus puntos. Si asumimos que nuestro cerebro es un buen matemático, debería bastarnos con un juego de células de lugar y algunas cuantas células de dirección. Pero nuestro andar errático supone un reto. O tal vez no. Tal vez somos todo lo eráticos que nuestra mente nos permite.

Supongamos que vamos del punto A al B (fig. 3A) y, al llegar a nuestro destino, queremos volver. Nuestro cerebro se esfuerza, toma la posición (x, y) de la célula de lugar y la conjuga con la orientación de 35° noreste de la célula de dirección. Volvamos a A', nos dice. Pero en A' no están las cosas que dejamos atrás. A' es otro espacio, es un error. ¿Cuál es el tamaño de este error? Depende de la longitud y la complejidad del camino. Pero como buen matemático, nuestro cerebro sabe que una ruta continua puede integrarse dividiéndola en partes. Cuanto más pequeñas sean estas partes, más parecidas serán a la ruta en sí (fig. 3B). Es decir, el camino (C) que lleva de A a B es calculado como la suma de sus tramos. Así que hacemos exactamente esto: nosotros, las tribus del Norte y los ratones salvajes, integramos la ruta.

$$\iint_B^A C(x,y)dxdy$$

La integración de ruta es una suma, una operación matemática en la cual, para cada tramo, se toma la información de la posición actual y la dirección de la marcha con el obje-

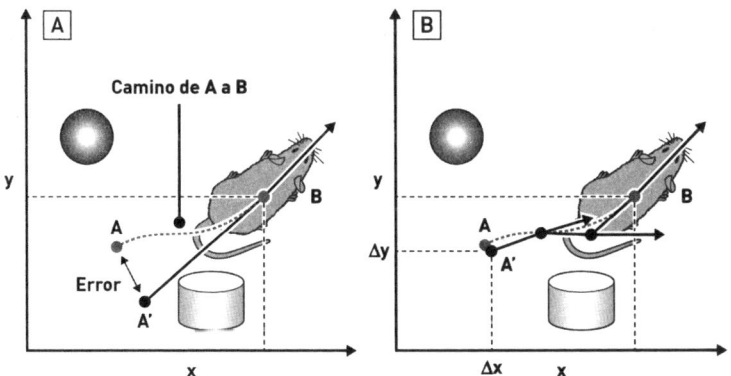

Figura 3. La integración de ruta permite reducir el error de estimar el punto de origen a partir de la posición y la dirección actual (A), fragmentando la trayectoria en porciones más pequeñas (B).

tivo de recuperar la posición previa. En nuestro viaje de A a B, integrar la ruta supone cortar el camino en trozos y, para cada uno de estos trozos, usar información de diferentes células de lugar y dirección para estimar las posiciones anteriores.

Integrando estos fragmentos, se hace el camino. El error de A' se reduce y nos encontramos casi donde queríamos ir. De hecho, sabiendo nuestra posición actual B y teniendo un modelo mental A' del inicio del camino, podríamos ir directamente hasta allí sin necesidad de desandar lo andado, como un atajo. El error, sin embargo, es intrínseco al sistema y tiende a acumularse siempre. No solo es debido a variaciones en la información sensorial, sino a cierto ruido neuronal intrínseco, por lo que este tipo de estrategias suele fallar en las distancias largas.

La integración de ruta es más perfecta cuanto más pequeños son los tramos, pero fragmentar infinitamente un camino es agotador, incluso para un cerebro matemático. Nuestra mente tiene sus límites. Una forma de minimizar estos errores es utilizar pistas externas para estimar la orientación a lo largo de los tramos. Si cada célula de lugar que usamos a lo largo de la integración la vinculamos a elementos reales del espacio físico, tal vez podamos descontar el resto. Es más, podremos deambular mucho más, entre hielos o entre bosques, porque cada una de las pistas que establezcamos actuará como punto de descarte. Cuantas más pistas externas usemos, más real será el mapa, más anclado estará al mundo. Sin embargo, establecer miles de pistas externas consume energía y satura nuestra capacidad mental. El mundo es cambiante y dinámico. Con un cerebro así, tal vez no podremos llegar muy lejos. El sistema de posicionamiento neuronal necesita una señal más cartesiana.

CÉLULAS DE RETÍCULA

En ausencia de pistas externas, los errores de integración de ruta se acumulan, no pueden ser descontados y nuestro mapa interno comienza a derivar. Andando por el desierto, en un paisaje infinito, sin elementos a los que anclarnos, somos menos que una hormiga.

Para localizar un objeto en movimiento, el sistema de posicionamiento global GPS utiliza una red de satélites y estaciones terrestres al servicio de una especie sofisticada de triangulación. Para que la triangulación funcione, necesitamos elegir las señales de al menos tres satélites distintos. Cada satélite localiza la estación terrestre más cercana y encierra el punto móvil dentro de una esfera imaginaria. La posición más exacta se obtiene de la intersección entre las esferas, en una especie de cercamiento trigonométrico.

Durante mucho tiempo se consideró la posibilidad de que las células de lugar desempeñaran un papel parecido al de las estaciones terrestres de referencia: elementos fijos distribuidos de manera equidistante en el espacio. Tal requerimiento no se cumple en el sistema de células de lugar, que no son siempre estables.

Cuando las ratas son cambiadas de habitación, o se introducen en cajas de exploración de diferentes formas, los campos espaciales cambian; el mapa mental se reescribe cada vez. Para ubicarnos, nuestro cerebro matemático necesita un auténtico sistema de coordenadas. Las células de lugar dependen demasiado del entorno como para poder orquestar la triangulación del espacio físico que exploramos. Ellas están representando otra cosa, de algún modo, son un producto más elaborado. La integración de ruta tiene que ejecutarse con otra señal. Obtener (x, y) a partir de las células de lugar nos puede inducir a error.

Algo faltaba en el GPS neuronal, y los neurocientíficos lo sabían. Los registros con microelectrodos a lo largo de las zonas más accesibles de la corteza mostraban neuronas más sensibles a los sentidos que al espacio. La búsqueda en el subículo había dado como resultado el descubrimiento de las células de dirección. A principios de la década de 1990, algunos investigadores decidieron apuntar a otra parte y movieron su diana hacia la corteza entorrinal, la principal vía de entrada de la información sensorial al hipocampo. Sin embargo, esta región es agreste, de difícil acceso. Está apretada contra el cráneo, en la zona posterior de la cabeza de las ratas y los ratones, plegada en un surco lateral que recorre el cerebro de los roedores como una falla. Al principio no se extraían conclusiones claras de las observaciones. Aquellas células emitían señales en varios sitios o dejaban un rastro extraño en el camino. No parecían útiles para representar el espacio.

La corteza entorrinal es una estructura mucho más compleja que el hipocampo. Sus neuronas se distribuyen a lo largo de varias capas, separadas por una lámina finísima (*lamina dissecans*), vacía de cuerpos celulares. Las conexiones de la vía visual y de otras cortezas sensoriales secundarias llegan a ella de una manera topográfica. Se organizan de un modo concreto, arriba y abajo, adelante y atrás, a lo largo del surco lateral que la divide. Es difícil apuntar a un sitio tan intrincado.

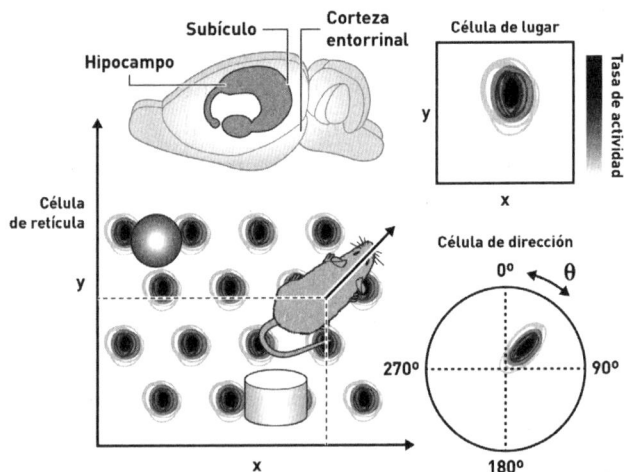

Figura 4. Patrón de actividad de una célula de retícula constituido por múltiples campos espaciales. Las células de retícula de la corteza entorrinal emiten señales eléctricas en los nodos imaginarios de una red que cubre el espacio físico. Arriba, localización de la corteza entorrinal en el cerebro de la rata.

Hacia 2004, el matrimonio formado por los neurocientíficos noruegos Edvard y May-Britt Moser se asoció con el neuroanatomista Menno Witter, experto en el estudio de la corteza entorrinal. Afinando la ubicación de sus microelectrodos y catalogando los registros en función de su localización, observaron en ella células con múltiples campos espaciales. Estos campos eran estables y dependían poco de la dirección del movimiento.

Según relata Edvard Moser, cuando mostraron sus datos en el congreso de la Sociedad Americana de Neurociencias de ese año, otro de los exploradores del cerebro, el neurocientífico William Skaggs sugirió que podría haber una simetría hexagonal escondida en las señales de aquellas células. Entonces construyeron la arena de exploración para ratas más grande que se había utilizado hasta entonces, un coso circular de dos metros para que camparan a sus anchas. Los impulsos neuronales completaron esta vez el dibujo de una retícula perfecta, tan cartesiana, armoniosa y estable que parecía irreal (fig. 4). Los resultados fueron publicados en 2005. Habían descubierto las células de retícula en las capas superficiales de la corteza entorrinal. Las estaciones terrestres del GPS neuronal habían estado siempre allí, ocultas por un surco y una lámina.

Células de borde

Ninguno de los elementos del GPS cerebral descritos hasta ahora es suficiente para explicar cómo nuestra mente se vincula al mundo material. Sin embargo, tanto las células de retícula como las de lugar están ancladas a los límites del espacio físico. De algún modo, el cerebro necesita restringir aquello que quiere representar. En ausencia de límites, son demasiados los grados de libertad; demasiada la incertidumbre.

Los trabajos de O'Keefe revelaron el efecto de los bordes y las paredes sobre las células de lugar. Jugando con cajas de exploración de diferentes tamaños, vio que los campos receptivos se estiraban con el espacio, como si la representación mental estuviera sometida a las leyes relativistas de Einstein, deformándose y plegándose. Por su parte, el matrimonio Moser observó que la retícula neuronal se dilataba a costa de aumentar la distancia entre sus nodos, pero sin perder su armonía. Incluso la más cartesiana de las representaciones mentales necesita mantener sus ataduras.

El físico y matemático británico Neil Burgess, trabajando con O'Keefe, construyó el modelo más simple que pudiera explicar estos efectos a partir de un conjunto de células de dirección y predijo la necesidad de una señal que codificara la distancia a las paredes. Pronto se descubrieron las células de borde en el subículo y la corteza entorrinal, neuronas que emiten señales a la orilla de las fronteras físicas (fig. 5).

Con estos elementos, el espacio puede ser representado en nuestra mente de una manera más o menos fiable. En nuestro cerebro matemático, la actividad de las células de borde esta-

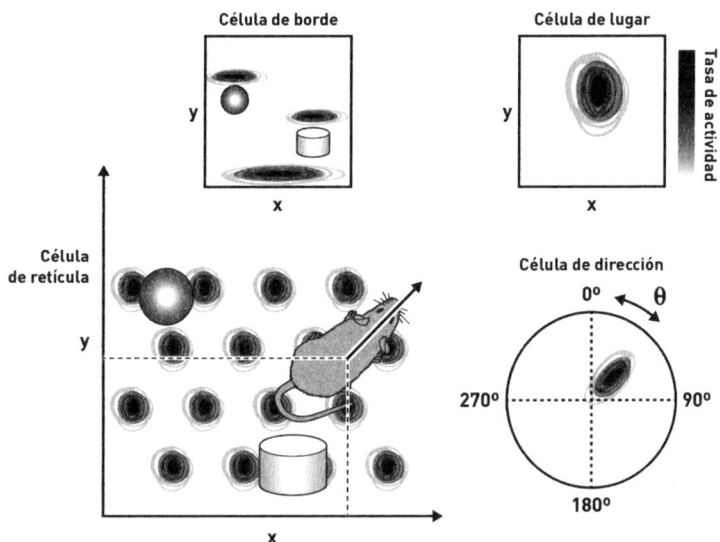

Figura 5. Las células de borde del subículo y la corteza entorrinal constituyen otro componente esencial del GPS cerebral. Estas células emiten señales eléctricas en los bordes del espacio físico, señalizando la distancia a paredes u obstáculos.

blece límites para la integración de ruta. Así, el inicio A y el fin B del camino representado en la figura 3 están en realidad acotados. Matemáticamente, las células de borde imponen las condiciones de frontera que nos limitan. Su actividad es responsable de que podamos estimar longitudes y distancias. Con ellas, nuestro error de localización no es infinito. Las ratas y los ratones lo saben y por eso corren pegados a las paredes en cuanto huelen el peligro. Un centímetro les puede costar la vida.

Hasta aquí hemos descrito algunos elementos básicos del GPS neuronal. Con ellos, nuestro cerebro puede orientarse en el espacio. Sin embargo, nuestras capacidades mentales van mucho más allá. Los mismos recursos neuronales que nos ubican sirven para propósitos más generales.

El mapa cognitivo

En 2014, John O'Keefe y el matrimonio Moser recibieron el premio Nobel de Fisiología o Medicina por sus contribuciones al descubrimiento de las neuronas que constituyen el sistema de posicionamiento del cerebro. Sin embargo, el GPS neuronal es mucho más que un mapa. Las células de retícula y de lugar constituyen dos sistemas de referencia sobre los que se ejecutan las operaciones matemáticas que nos permiten localizarnos. Son dos caras de una moneda: una precisa y cartesiana, la otra relativa y voluble. En los miles de millones de años de evolución que arrastramos los mamíferos, esos dos sistemas fueron seleccionados para coexistir e integrarse. No basta con navegar, con saber dónde estamos, tenemos que darle sentido, echar raíces y agarrarnos al mundo.

Kant consideraba el espacio y el tiempo como construcciones a priori de la mente humana. A la luz de los datos, esta idea es falsa y cierta a la vez. Es falsa, porque hoy sabemos que no se nace con una construcción mental del espacio. Ningún gen, ningún rasgo transmisible, pasa el espacio de padres a hijos.

Estudiando el desarrollo de ratas y ratones, se ha comprobado que los componentes del GPS cerebral van apareciendo con la experiencia. Las primeras en manifestarse son las células de dirección. Cuando los cachorros de rata no han abierto aún los ojos, su cerebro ya sabe hacia dónde apunta la cabeza. El GPS cerebral empieza construyendo la brújula, como una señal primaria para orientarse, desde el mismo momento en el que los canales auditivos se abren.

Sin embargo, estas brújulas son imperfectas. Cuando los cachorros abren los ojos y empiezan a dar tumbos alrededor del nido, el sistema de células de dirección se estabiliza, al mismo tiempo que el patrón motor. Poco después emergen las células de lugar y de borde en el hipocampo y la corteza entorrinal, posiblemente como resultado de la información que les llega de las brújulas mentales. La retícula es la última en establecerse. Los humanos nacen con los sentidos más desarrollados, pero aún necesitan fortalecer los músculos, explorar, tocar las cosas, medir distancias.

El apriorismo de Kant es cierto porque el sistema de posicionamiento es clave para construir una idea del mundo, porque el mundo que internalizamos en nuestra masa gris está anclado a un espacio mental reconfigurable, moldeable y deformable. La representación espacial es uno de los productos más depurados de nuestro sistema hipocampal. Si no tenemos un contexto, nos cuesta anclar las experiencias. Más adelante veremos que para el hipocampo, el espacio es suficientemente abstracto y relativo como para que quepa en él todo: los sonidos, los olores, las personas y el tiempo.

Casi todo lo que necesitamos para localizarnos está contenido en las operaciones matemáticas que hemos ido derivando junto con los componentes del GPS cerebral. Casi todo, excepto algo fundamental para nuestra representación mental: el pasado. Hemos descrito un GPS instantáneo, construido punto a punto, pero nada conecta esos instantes más allá de la dirección de nuestro camino. Solo nos hemos permitido dibujar una ruta, como un rastro seco, sin conexión alguna con el instante anterior, un camino sin memoria y sin tiempo.

ESPACIO, MEMORIA Y TIEMPO

El moho *Physarum polycephalum* construye una forma de memoria espacial que le permite evitar áreas que ha explorado previamente. Esta masa viscosa unicelular sin cerebro utiliza procesos mecánicos para extender sus protuberancias protoplasmáticas, como finísimos túneles que les unen con sus fuentes de alimento. Utiliza una suerte de sensores químicos para evitar el exceso de luz y seguir los gradientes nutricionales. Cuando *Physarum* se expande, deja un rastro pegajoso tras de sí, como una memoria del camino. Este mecanismo permite al moho resolver problemas simples de navegación autónoma, como si fuera un robot. Al dejar un rastro, *Physarum* conecta el pasado con el instante. Luego solo necesita regirse por el tándem estímulo-respuesta.

La memoria es posiblemente la función más importante del cerebro y está íntimamente vinculada con el tiempo. La base de cualquier sistema de memoria es trascender al momento, dejar huellas. Algunas de las escuelas científicas más antiguas que se han ocupado de estudiar el hipocampo le asignan un papel clave en asociar y comparar estímulos. Esta concepción, defendida entre otros por la neurocientífica rusa Olga Vinogradova, deriva de utilizar el formalismo clásico para estudiar cómo responden las neuronas hipocampales cuando el sujeto experimenta una secuencia repetida de eventos: sonido, comida; sonido, comida; sonido, comida. El perro de Pavlov aprendió a asociar un sonido con comida, mediante la repetición de esta secuencia de un modo consistente. Luego transfirió aquella asociación a la persona que le alimentaba y a la habitación en la que aquello ocurría, porque todos ellos coincidían en espacio y tiempo. Estableció vínculos entre estímulos, sujetos y contextos que a priori no tienen por qué estar conectados.

Las primeras teorías sobre cómo pueden establecerse vínculos entre estímulos apelaban a alguna modificación entre las conexiones de las neuronas involucradas en su detección. En 1949, el psicólogo canadiense Donald Hebb propuso

El cerebro crea un sentido de la orientación espacial a partir de la actividad eléctrica de las neuronas del hipocampo y la corteza entorrinal. Los estudios en roedores han permitido entender cómo se construye un mapa mental del espacio físico. Mientras estos animales exploran el entorno, los impulsos neuronales ayudan a construir una

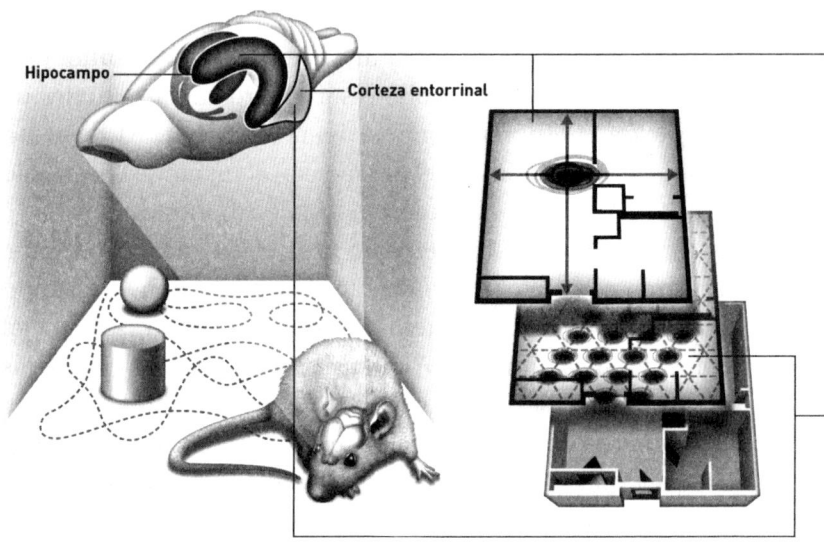

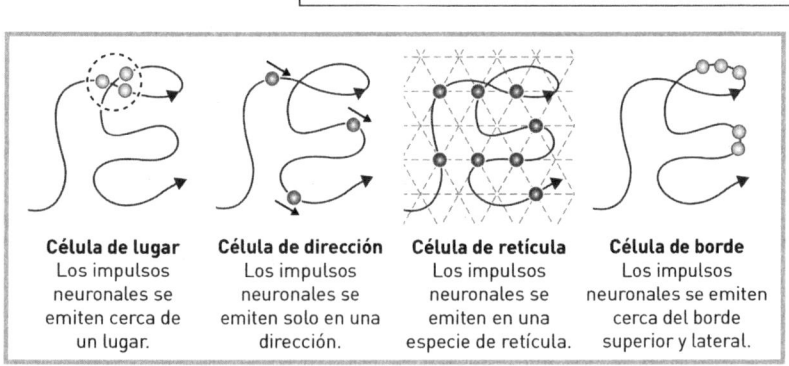

Célula de lugar
Los impulsos neuronales se emiten cerca de un lugar.

Célula de dirección
Los impulsos neuronales se emiten solo en una dirección.

Célula de retícula
Los impulsos neuronales se emiten en una especie de retícula.

Célula de borde
Los impulsos neuronales se emiten cerca del borde superior y lateral.

representación de sus elementos más importantes, como bordes y objetos, a partir de una variedad de pistas sensoriales y motoras. Las investigaciones sobre el cerebro humano sugieren que la actividad del hipocampo y la corteza entorrinal en interacción con otras regiones permite construir un mapa generalizado de los recuerdos ocurridos en un contexto espaciotemporal concreto.

HIPOCAMPO

Tiene una función esencial en la memoria episódica. Representa los recuerdos que ocurren vinculados al espacio y al tiempo, a través de las células de lugar.

CORTEZA ENTORRINAL

Contiene las células de retícula, que cubren el espacio a explorar. Esta región constituye la entrada principal de información sensorial al hipocampo.

UN BUCLE PARA LA MEMORIA
El hipocampo y la corteza entorrinal forman una red neuronal interconectada en la que la información fluye a lo largo de capas y regiones. En este circuito, la localización y los eventos que ocurren en el mundo físico son representados por un sistema de neuronas que codifican diferentes aspectos de la experiencia de una forma integrada.

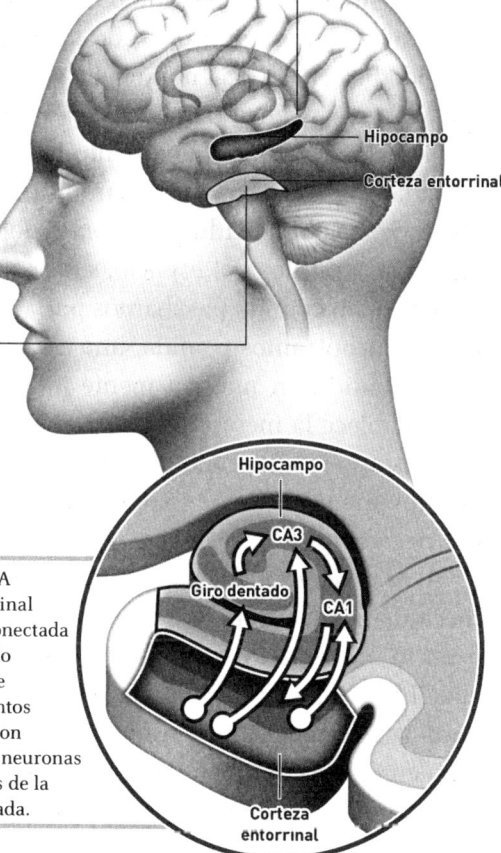

Hipocampo
Corteza entorrinal

Hipocampo
CA3
Giro dentado
CA1
Corteza entorrinal

que cuando dos neuronas se activan juntas, algo se modifica entre ellas, de modo que quedan más firmemente asociadas. El descubrimiento de la potenciación sináptica ante la activación repetida por los neurocientíficos Tim Bliss y Terje Lømo demostró que la activación eléctrica podía modificar los circuitos.

Los contactos entre neuronas son maleables, reconfigurables por la experiencia. Desde entonces, se han descubierto otras formas de plasticidad sináptica, no solo potenciando las conexiones neuronales, sino también debilitándolas. Neuronas que se activan juntas tienden a conectarse entre sí, incluso a través de un circuito extendido que involucra a otras regiones del cerebro. La modificación de la fortaleza sináptica por la actividad eléctrica deja una huella en los circuitos neuronales, que se proyecta en el tiempo; la memoria de un vínculo.

El sistema de posicionamiento hipocampal por sí solo no es nada si las neuronas no dejaran un rastro. Vincular la actividad de la célula del lugar A con la del B indica asociar algo entre estos puntos del espacio, saber que un sitio precedió a otro. Si justo cuando pasábamos por A escuchamos un sonido y en A encontramos comida, una secuencia de eventos cobra cierto sentido en nuestra mente anclada a las asociaciones que establece la memoria. Si esto ocurre en un contexto y no en otro, aprendemos adónde hay que ir a esperar a que suene la campana para poder comer. El GPS cerebral es un organizador de eventos.

Todo ocurre en un lugar y en un momento. Los mismos mecanismos neuronales encargados de localizarnos en el espacio orquestan una parte de nuestros recuerdos y vivencias. El espacio es el contexto al que vinculamos lo que nos pasa, las secuencias de estímulos y nuestras respuestas. Pero para entender cómo se construye ese mundo mental necesitamos entender cómo surgen el orden y el tiempo.

«El hipocampo es el núcleo de un sistema de memoria neuronal que proporciona un marco espacial objetivo dentro del cual se encuentran los elementos y eventos de la experiencia».
JOHN O'KEEFE

EL ESPACIO-TIEMPO NEURONAL

EL ESPACIO Y EL TIEMPO ESTÁN CONECTADOS POR EL MOVIMIENTO, DE MANERA QUE NAVEGAR POR EL ESPACIO SUPONE AVANZAR EN EL TIEMPO. DURANTE LAS PAUSAS EXPLORATORIAS, EL CEREBRO ACCEDE A OTROS RELOJES Y VINCULA EL PASADO CON EL FUTURO. EL HIPOCAMPO ES UN ORGANIZADOR DE EVENTOS Y DE ESE ORDEN EMERGE NUESTRO SENTIDO TEMPORAL.

Definir el tiempo es tarea ardua. Como magnitud física puede ser entendido independientemente del observador y su movimiento. Existe allí donde no llegamos y ha estado siempre fluyendo en el silencio de este universo inabarcable. Como proceso, determina el orden de los hechos, las secuencias de sucesos y la duración de las cosas. Gramaticalmente admite todo tipo de aderezo: puede ser largo, corto o incluso inmemorial, puede ser dado, ganado o perdido.

Nuestra percepción del tiempo es fundamentalmente subjetiva. Se basa en cómo procesamos los diferentes estímulos sensoriales que nos llegan, cómo alineamos estas percepciones con nuestro estado interno y cómo calibramos todo eso con relación a una serie de patrones que nos hemos dado.

Antes de que se inventaran los relojes, el tiempo podía ser estimado a partir del Sol y las estaciones. En respuesta a las señales de luz y oscuridad, un núcleo cerebral situado justo por encima del nervio óptico está especializado en controlar nuestros biorritmos, determinando la dinámica del sueño, la temperatura y la producción de hormonas. Esto nos da una medida del momento que habitamos en este planeta que gira sobre sí mismo y alrededor de su estrella, pero no resulta del todo útil para reaccionar a los estímulos de la vida diaria, para medir cuándo se han de emitir las respuestas y para aprender a esperar. Estas son escalas de tiempo distintas, y ser capaces de manejarlas es una muestra clara de poder adaptativo o incluso cognitivo. El lenguaje, por ejemplo, se basa en manejar los tiempos.

La mayoría de los sistemas que resultan útiles para medir el tiempo cuentan con un oscilador que marca el ritmo y un cronómetro que podemos poner a cero cada vez. El cerebro dispone de mecanismos que le aportan estos dos componentes esenciales y con ellos crea una percepción. Sin embargo, preguntarse qué es el tiempo es como asomarse a un abismo para el que cuesta encontrar respuesta.

El físico Albert Einstein visualizó el espacio y el tiempo como indisolubles, como una entidad única, relativa al movimiento del observador. Para que se manifieste en toda su dimensión, el observador del espacio-tiempo de Einstein debe viajar a la velocidad de la luz, una marcha frenética que nos cuesta imaginar. Pero hay un espacio y un tiempo mucho más cercano, relativo y unitario, construyéndose paso a paso en nuestra mente.

Durante el movimiento, el espacio-tiempo neuronal constituye una entidad, porque no hay forma de viajar instantáneamente de un lugar a otro. Es relativo, porque nuestro cerebro está diseñado para establecer asociaciones que dejan huella. Durante las pausas exploratorias, el espacio-tiempo mental se proyecta hacia el pasado y el futuro, mientras nos mantiene insertados en el mundo. La conjunción de estos efectos genera un orden que lleva la forma del tiempo.

LAS CÉLULAS DE TIEMPO

¿Cómo crea el cerebro su representación temporal? Una de las fórmulas físicas más simples conecta el espacio con el tiempo a través de la velocidad. La ruta, o el camino c, tiene que ser integrada en un intervalo de tiempo dado Δt:

$$\Delta c = v \cdot \Delta t$$

Por lo tanto, despejando la fórmula anterior, nuestro cerebro matemático podría estimar el tiempo si conoce la velocidad v. Pero ¿y si en realidad ya estuviéramos contando la duración del movimiento? Tal vez, la velocidad es el producto y el tiempo una variable representada en nuestro cerebro. La ecuación seguiría siendo válida. Utilizar la información de las células de retícula como sistema de referencia cartesiano para la integración del camino c requiere conocer la velocidad o el tiempo, a fin de actualizar la posición sin mucho error. El cerebro necesita conocer una cosa o la otra.

Ya desde los primeros estudios del hipocampo se sabía que la tasa de actividad de las neuronas reflejaba de algún modo la velocidad, aumentando o disminuyendo en función de esta. Dicha información se puede derivar a partir de múltiples fuentes a las que el cerebro tiene acceso: el flujo óptico, la actividad motora y la frecuencia cardíaca. De hecho, la dependencia entre la tasa de actividad neuronal y la rapidez de la marcha se ha podido comprobar en varias estructuras cerebrales.

Pero, trabajando con carros adaptados que permitían controlar el desplazamiento de las ratas, el laboratorio de Edvard y May-Britt Moser descubrió que la señal era especialmente limpia en un conjunto de células de la corteza entorrinal que bautizaron como células de velocidad. Estas neuronas no se dejan influenciar por el espacio, sino que su tasa de disparo refleja de manera bastante consistente la rapidez del movimiento. Así pues, el GPS cerebral tiene acceso directo a esta información, y parecería que con ella nuestro cerebro podría inferir el tiempo.

El cerebro siempre nos sorprende. El órgano más complejo de nuestro cuerpo esconde sus misterios enredados en circuitos y códigos abstractos que aún nos cuesta descifrar. ¿Es el tiempo una variable inferida a partir del camino y la velocidad, o hay una representación neuronal del paso del tiempo?

El neurocientífico húngaro György Buzsáki siempre sospechó del espacio como mero organizador de la actividad hipocampal y decidió fijarlo. En sus experimentos, las ratas aprendían a alternar a derecha e izquierda en un laberinto con forma de T mientras los investigadores registraban la actividad de las neuronas del hipocampo. Una vez elegido el lado correcto, los animales eran recompensados si se subían a una rueda donde debían correr durante unos diez segundos antes de volver a empezar. Debían correr sin desplazarse, sin navegar, tan solo recordando durante diez segundos el lado elegido previamente para poder alternarlo.

El resultado fue sorprendente. Mientras la rata corría en la rueda, algunas neuronas del hipocampo se activaban secuencialmente a lo largo de un lapso de tiempo (fig. 1A). Desde que se descubrieron, las células de lugar habían sido consideradas como los componentes básicos de un sistema de navegación espacial. Pero ¿y si en realidad aquellas neuronas estuvieran señalizando de algún modo el tiempo?

Howard Eichenbaum, otro de los exploradores del hipocampo, ideó un experimento parecido. Este neurocientífico estadounidense, que también recelaba del espacio, se dedicó a inventar experimentos que retaran la idea del mapa. En uno de ellos, colocó objetos y olores en el laberinto. En lugar de pedir a las ratas que corrieran durante diez segundos antes de girar a derecha o izquierda, la tarea consistía en explorar un objeto y asociarlo diez segundos después con un olor específico. Solo si conseguían aparear correctamente objeto y olor, recibían la recompensa. El registro de la actividad de las neuronas volvió a reflejar una secuencia (fig. 1B), como un cronómetro que llevara la cuenta del tiempo transcurrido, esta vez sin el factor confuso del movimiento. De algún modo, el hipocampo fabrica una señal para representar el tiempo de la espera.

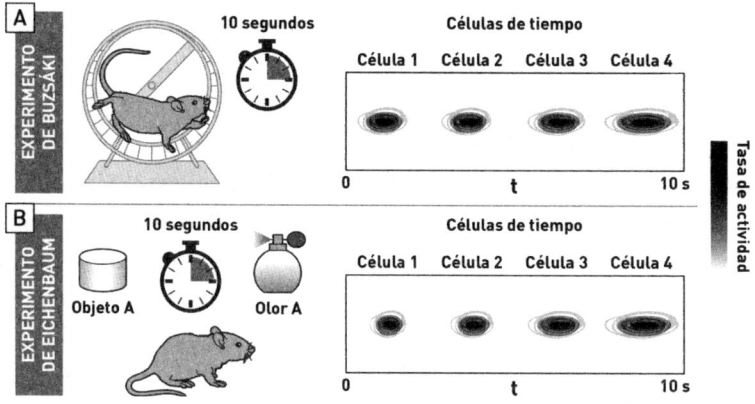

Figura 1. Experimentos de Buzsáki y Eichenbaum. Las células de tiempo llevan la cuenta del tiempo transcurrido durante las pausas. Se manifiestan cuando el sujeto debe correr en el lugar (experimento de Buzsáki) o mientras espera un intervalo en una tarea de asociación entre objetos y olores (experimento de Eichenbaum).

Cuando Buzsáki y la investigadora asociada al proyecto, Eva Pastalkova, analizaron los datos registrados en la rueda, notaron algunos efectos asombrosos. Si separaban los registros en los que la rata debía girar a la derecha de aquellos en los que giraría a la izquierda, comprobaron que algunas células solo señalizaban el tiempo transcurrido en una dirección, pero no en la otra; como si llevar la cuenta de girar a derecha o izquierda fuera algo relativo, como si la rata tuviera dos relojes.

Por su parte, Eichenbaum decidió estirar el tiempo de la espera y comprobar los efectos que de ello se derivaban. Cambió el intervalo requerido para aparear objetos y olores de diez a veinte segundos, y observó que la actividad de algunas células de tiempo se dilataba hasta rellenar el momento entero, pero manteniendo el orden. Aquella elasticidad recordaba demasiado a la capacidad de algunas células de lugar para estirar sus campos receptivos espaciales. Se planteaba la cuestión de si los códigos del espacio acotado a los bordes y del tiempo encuadrado en la espera estuvieran en realidad mezclados.

Tanto Eichenbaum como Buzsáki demostraron que muchas de las células que participaban en la secuencia temporal también tenían actividad espacial cuando eran examinadas a lo largo del laberinto lineal (fig. 2). Es decir, algunas células de tiempo podían comportarse como células de lugar y viceversa. Cuando corremos a lo largo de un camino, tiempo y espacio confluyen, y la única forma de desacoplarlos es cambiar la velocidad. Esto fue precisamente lo que hizo Eichenbaum en un siguiente experimento, observando estupefacto que el código estaba mezclado. Ciertas neuronas solo se activaban en un sitio del espacio, marcando la localización de manera consistente. Eran células de lugar. Otras se comportaban como células de distancia, porque representaban más fielmente la longitud del camino recorrido, independiente del tiempo. En cambio, otras neuronas llevaban la cuenta de la duración del intervalo, como un cronómetro, sin importarles ni el sitio ni el camino.

Eichenbaum también halló la señal de tiempo en algunas células de retícula de la corteza entorrinal. Aquello sugería, en efecto, que el tiempo puede ser el resultado de una computa-

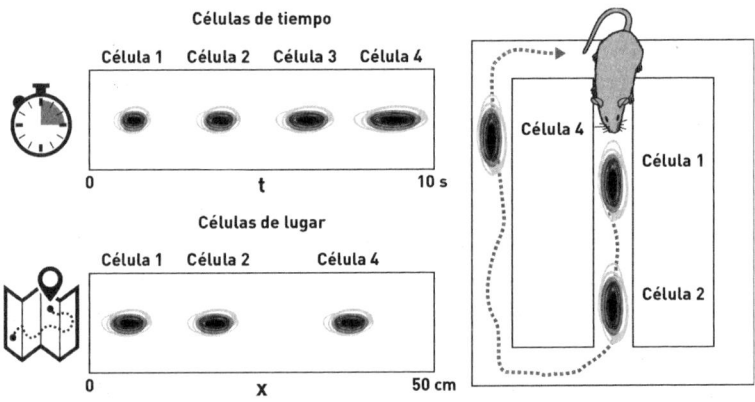

Figura 2. Algunas células de tiempo se comportan como células de lugar. Arriba se ilustran cuatro células de tiempo registradas durante 10 segundos en la rueda. Tres de ellas, 1, 2 y 4, muestran campos espaciales cuando la rata inicia la carrera por el laberinto lineal, comportándose como células de lugar.

ción y calculado a partir de la relación entre espacio y velocidad. Esto parecía tener cierto sentido durante el movimiento, sobre todo para escalas relativamente cortas, del orden de unas pocas decenas de segundos. Explorando en la zona más lateral de la corteza entorrinal, se han encontrado señales temporales más complejas que pueden incluso abarcar varias escalas y estar determinadas por diferentes demandas cognitivas. Así, se han visto células de tiempo señalizando la espera, pero también otras señalizando la duración de una tarea, o el tiempo transcurrido en una habitación de un color dado. También allí, tiempo y espacio confluyen en el código de las neuronas.

En realidad, el tiempo neuronal es siempre relativo, incluso para aquellas células que parecen estar representándolo. En casi todos estos experimentos, las células de tiempo aparecen solo cuando las ratas han alcanzado cierta habilidad en la tarea y están fuertemente asociadas a las demandas de esta. Emergen siempre que han aprendido a esperar. Al examinarlas detenidamente y exponerlas a otro contexto experimental, estas células siempre parecen representar algo más, bien el sentido del giro, bien los olores, los objetos o su combinación. Más que células de tiempo, parecen células de memoria.

A lo largo de estas páginas hemos ido describiendo algunos elementos básicos del GPS cerebral, pero hemos evitado mencionar en qué proporción se encuentran cada uno de estos elementos. Las células de lugar o tiempo representan cerca del 30 % de las neuronas de la región CA1, una proporción similar a la de las células de retícula en las capas superficiales de la corteza entorrinal. Las de borde y las de velocidad no pasan del 15 %. Esto supone una proporción relativamente baja.

Usando modelos estadísticos, el equipo de Lisa Giocomo, profesora de Neurobiología en la Universidad de Stanford (California), se cuestionó hasta qué punto las señales de lugar, de borde o de velocidad son realmente puras. Casi todas las neuronas registradas muestran una combinación de propiedades, lo que sugiere que la codificación de la información por el hipocampo es el resultado de una compleja aritmética combinatoria. Cuando se dice que una neurona es de un tipo u otro, solo se refleja la estadística dominante en relación con el experimentador; los extremos de un continuo que representa en diverso grado los aspectos esenciales del código neuronal aplicado a las condiciones del estudio. Las células de tiempo parecen más bien una combinación emergente, reforzada por los mecanismos de plasticidad que establece la memoria porque solo aparecen cuando se fuerzan las esperas. Representan algo más que el espacio y algo más que el tiempo.

Cuando O'Keefe y Nadel afirmaban que el hipocampo representa un mapa cognitivo no se equivocaban, solo que el mapa neuronal es un espacio mucho más genérico que la extensión que contiene la materia, más abstracto que un lugar y su tiempo. El cerebro construye una forma de espacio-tiempo en la que cabe todo lo que nos pasa. Esa generalización es fruto del diseño de nuestro sistema nervioso. Estamos determinados por su estructura, por la forma en la que captamos los estímulos y los traducimos a actividad eléctrica, por las conexiones entre neuronas y por las reglas básicas de la computación neuronal. Cuando se nos pide que realicemos una tarea, ponemos esos recursos cerebrales al servicio de la empresa. El hipocampo y la corteza entorrinal forman un circuito que ejecuta operaciones matemáticas de las que emergen productos más complejos y abstractos, supeditados a las demandas que nos impone el día a día. Todo ocurre en un lugar y en un momento. El espacio y el tiempo físicos son solo el marco.

EL TIEMPO Y LOS RITMOS CEREBRALES

Así pues, nuestro GPS organiza el flujo de las experiencias en secuencias ordenadas de actividad, creando una suerte de representación espacio-temporal integrada. El código neuronal es el resultado de una combinatoria, de una mezcla de la información que cada célula codifica en los impulsos eléctricos que genera. Todo ello emerge de la compleja red de interacciones que se propaga por los circuitos neuronales. ¿Cómo emerge el tiempo a partir de esta información?

Vivimos inmersos en un universo oscilante. Todo gira y se repite a diferentes escalas. La Tierra gira en torno al Sol a lo largo de un perímetro de millones de kilómetros. Las estaciones se suceden influyendo en nuestros hábitos. El día y la noche regulan los intervalos de luz y oscuridad que penetran nuestros ojos. Dormimos unas horas y nos activamos otras. Un reloj interno lleva la cuenta de ese pálpito. Pero nuestro cerebro establece otros cronómetros más compatibles con la dinámica de las neuronas, que se ajustan a intervalos diversos.

Cuando el neurólogo alemán Hans Berger, padre de la electroencefalografía, descubrió las ondas cerebrales registradas sobre la superficie del cráneo, se dio cuenta de que la complejidad de la actividad del cerebro excedía a la de cualquier otro órgano vital. El pulso eléctrico del cerebro no sigue solo un ritmo, sino muchos. El cerebro es un reloj de relojes, un entramado de ciclos.

Todas las neuronas están permanentemente sometidas a dos fuerzas eléctricas opuestas: una las intenta activar y la otra las intenta inhibir. El origen de estas fuerzas está en los cientos de miles de neuronas con las que cada una está conectada. Unas neuronas excitan, otras inhiben. Es un baile permanente. Cuando una neurona genera un potencial de acción, ese impulso rapidísimo de actividad desencadena una señal que inhibe o excita a las neuronas con las que contacta durante unas pocas decenas de milisegundos. Miles de millones de neuronas operan juntas en el baile convergente de las activaciones y las inhibiciones, formando una cacofonía de la que emerge un compás intrínseco. Ese compás es como el jazz, una mezcla de tonos aparentemente inconexos de los que sale una melodía. Las fluctuaciones se agrupan en el tiempo: unas, moduladas por un ritmo más lento, que las repite una y otra vez; otras notas más rápidas surgen de los impulsos eléctricos emitidos por las células de lugar, adelantándose a las notas lentas. Es un coro de ritmos registrado como una señal eléctrica oscilante.

La naturaleza cíclica del universo ha de haber influido en la generación de los ritmos biológicos. Hace millones de años, la luz del Sol determinaba fases más o menos proclives para las reacciones bioquímicas en las primeras bacterias. Los primeros sensores luminosos se habrían desarrollado a partir de estas interacciones. De igual modo, en el mar donde nació la vida, algunos organismos multicelulares pudieron adaptarse al balanceo de las olas o al propio rozamiento, utilizando cilios. Los organismos más simples empezaron a mostrar comportamientos más sofisticados gracias al acoplamiento entre los sistemas sensoriales y motores. El biólogo de origen húngaro Gáspár Jékely sugiere que las neuronas tal vez emergieron como una especialización funcional que mejoraba este acoplamiento en los primeros organismos multiciliados. La actividad eléctrica de estas células debía reflejar el juego de ritmos al que estaban sometidos, algo que se vio amplificado por incipientes redes de neuronas acopladas entre sí. Organismos más evolucionados, como la hidra, separaron sus órganos sensoriales y motores de aquellos circuitos especializados.

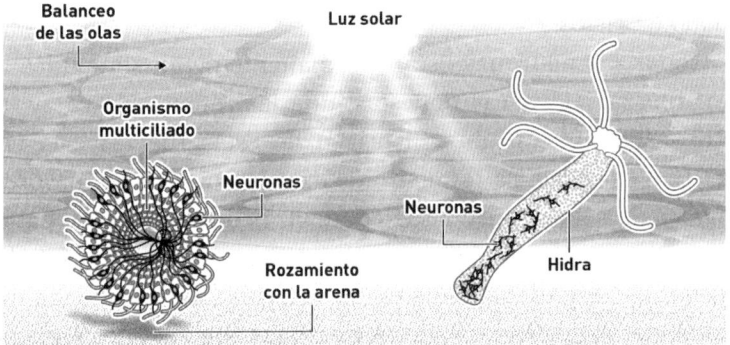

Las presiones adaptativas de un entorno marino oscilante debieron determinar en gran medida las soluciones evolutivas mejores en los primeros organismos multiciliados. En organismos más evolucionados como la hidra, la organización de las redes neuronales determinó un salto evolutivo.

Los ritmos cerebrales actúan como metrónomos que empaquetan la actividad en intervalos. La actividad neuronal crea los ritmos y los ritmos orquestan la actividad neuronal, en una circularidad eterna. Todo está ordenado por ritmos. Mientras los animales corren y pasan por el campo de lugar de una célula del hipocampo, esta siente una fuerza neta activadora interrumpida por el ritmo inhibidor. Como resultado, la neurona no se activa sostenidamente en el tiempo, sino por brotes que se repiten cada cierto intervalo Δt. Estos intervalos le sirven a nuestro cerebro matemático para integrar la actividad de todas las células activas en ese instante. Y esto nos lleva de vuelta al camino, a la integración de ruta:

$$\Delta c = v \cdot \Delta t$$

Cuando integramos la ruta, nuestro cerebro fracciona la trayectoria en trozos Δc. El tamaño físico de estos trozos refleja la aritmética entre un ritmo Δt y la velocidad. El código se esconde en los intervalos; ellos son los pasos del tiempo neuronal.

Cuando recorremos el espacio representado por una serie de células de lugar, la actividad neuronal va quedando ordenada en secuencias en función de la velocidad del recorrido. Estas secuencias representan el orden en el que vamos avanzando. Llevan implícito un mensaje fragmentado que se va construyendo paso a paso. Los campos espaciales de las células de lugar tienen colas que favorecen la superposición secuencial a lo largo del camino (fig. 3). Imaginemos que en las paredes de un largo pasillo hay escrito un texto y que cada célula de lugar está asociada a una letra de ese texto. Las letras que forman una palabra se suceden una tras otra. Mientras avanzamos, el espacio adopta un orden, que se transforma en secuencia, y esta en mensaje. El mensaje es la palabra, el camino que hemos hecho. El tiempo es un episodio del espacio en el que cabe una secuencia de letras, de sucesos, que nuestra mente es capaz de percibir.

Para poder representar de manera coherente los diferentes aspectos de la realidad, necesitamos que el cerebro integre y asocie los eventos en el orden en el que estos acontecen. Es necesario un mecanismo que no solo mantenga la serie de secuencias neuronales que representa los eventos, sino que las junte y generalice, superponiéndolas y asociándolas con la representación de los siguientes sucesos. Cuando los investigadores analizaron la relación entre las secuencias neuronales y los ritmos cerebrales, vieron que la localización del animal podía inferirse de manera mucho más precisa que solo considerando la tasa de actividad de las células de lugar o de retícula. Cada ciclo de la oscilación representa un intervalo para la integración, un trozo de camino que permite reducir los errores de estimación de la ruta. Esto demuestra hasta qué punto la representación mental del espacio es indisoluble de una perspectiva temporal, del orden de las secuencias.

Las secuencias neuronales son el andamiaje con el que nuestro cerebro construye y elabora una representación de lo que sucede. Con cada onda de integración rítmica se repite una parte de la información, completándose con la siguiente, en una disposición perfecta. Leyendo el mensaje escrito en el pasillo, vamos construyendo las sílabas y con ellas las palabras. Este mecanismo permite jugar mentalmente con el tiempo. Las colas de los campos espaciales que no han sido visitados actúan como avances de las secuencias que vendrán. Las de aquellos que dejamos atrás dejan un rastro de impulsos eléctricos. De este modo, en cada ciclo de integración los impulsos neuronales se vuelven a encontrar formando series de secuencias organizadas en pasado, presente y el futuro (fig. 3). Cada ciclo es una oportunidad para repetir las secuencias.

Investigaciones recientes han evidenciado hasta qué punto este mecanismo permite anticipar la información aprendida. Cuando somos expuestos a cadenas de eventos que mantienen una estructura más o menos reproducible, nuestro cerebro genera vínculos entre las representaciones de modo que en las siguientes exposiciones seremos capaces de predecir lo que viene con cierta fiabilidad. A la altura de la letra L, donde se asoma la célula de lugar 3 (fig. 3), ya intuimos la próxima secuencia en el intervalo de integración. Cada ciclo de integración contiene una parte del mensaje en la disposición correcta. Las secuencias se superponen, reforzando el orden.

El cerebro juega con las secuencias a diferentes escalas temporales. En el ejemplo que nos ocupa, podemos apreciar una secuencia dentro de cada ciclo y otra como la suma de todos los ciclos representados: sílabas, palabras, oraciones y frases. Dentro de cada período de integración estaría la representación fragmentada del mensaje entero. Este mecanismo da mucho juego. La coincidencia de los impulsos eléctricos en una ventana de integración activa la plasticidad que modifica la conexión entre las neuronas participantes. Si esto sucede una vez, esta modificación es frágil, pero si repetimos la secuencia el resultado será más evidente. Cada una dejará su huella sináptica, estableciendo un vínculo, un rastro en el tiempo. Los grupos neuronales que se integran juntos quedarán mejor interconectados. De este modo, aparecen ensambles de células, tejidos por el hilo de las sinapsis reforzadas.

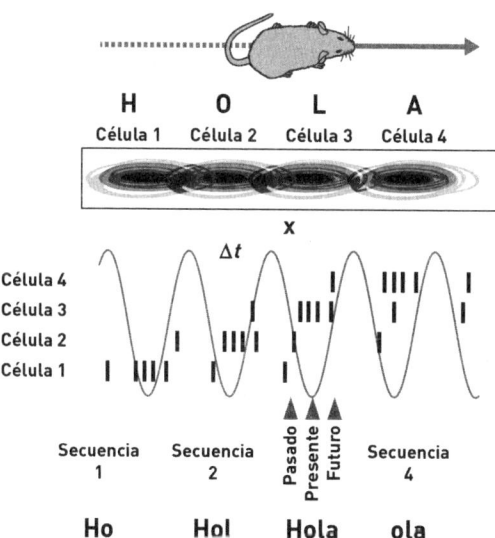

Figura 3. Las ondas cerebrales integran los impulsos eléctricos en intervalos de tiempo Δt, generando secuencias que codifican el orden de los campos espaciales. Si en cada sitio hay una letra, la secuencia forma palabras, de la misma manera que las cosas que nos pasan en una serie de lugares forman un episodio en nuestra mente.

El origen de los pensamientos, las emociones y los comportamientos está en la comunicación entre las neuronas a lo largo de todo el cerebro. Los ritmos cerebrales son producidos por los impulsos eléctricos sincronizados y la actividad sináptica de estas masas de neuronas que se comunican entre sí en diferentes intervalos de tiempo.

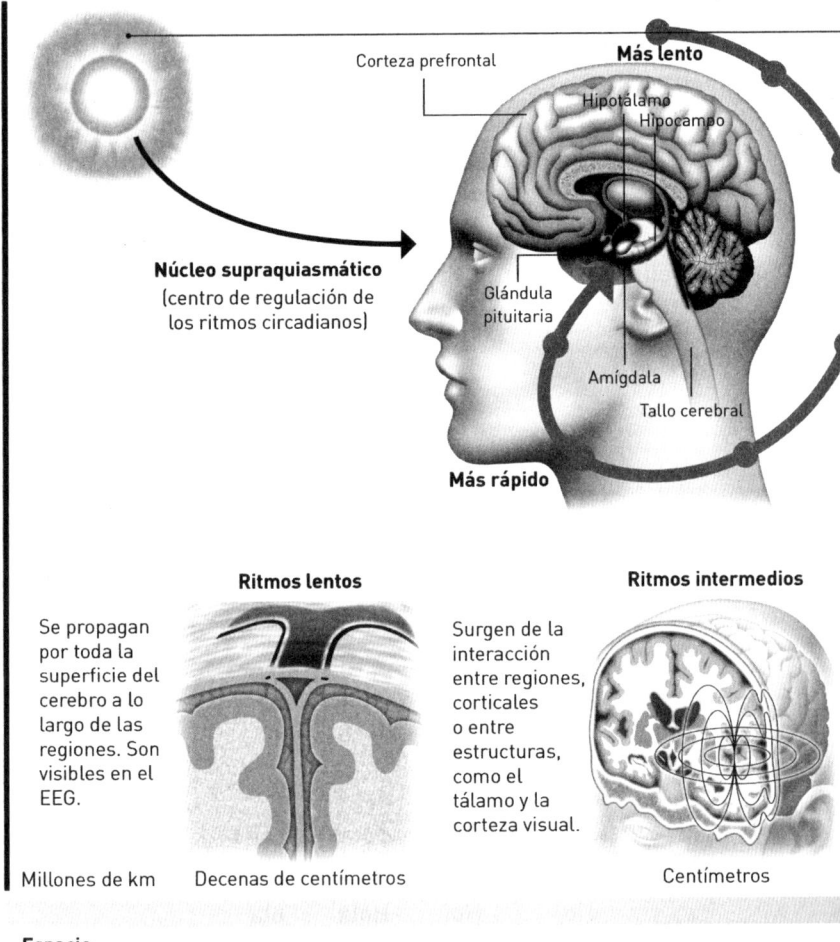

Corteza prefrontal

Más lento

Hipotálamo

Hipocampo

Núcleo supraquiasmático
(centro de regulación de
los ritmos circadianos)

Glándula
pituitaria

Amígdala

Tallo cerebral

Más rápido

Ritmos lentos

Ritmos intermedios

Se propagan
por toda la
superficie del
cerebro a lo
largo de las
regiones. Son
visibles en el
EEG.

Surgen de la
interacción
entre regiones,
corticales
o entre
estructuras,
como el
tálamo y la
corteza visual.

Millones de km   Decenas de centímetros

Centímetros

Espacio

Las variaciones estacionales y diarias de luz y temperatura influyen en la actividad cerebral. Nuestro cerebro genera ritmos a todas las escalas, desde los más lentos, que involucran regiones cerebrales distantes y reflejan oscilaciones del orden de decenas de segundos, hasta los más rápidos, que se generan localmente en los microcircuitos en el rango de los milisegundos.

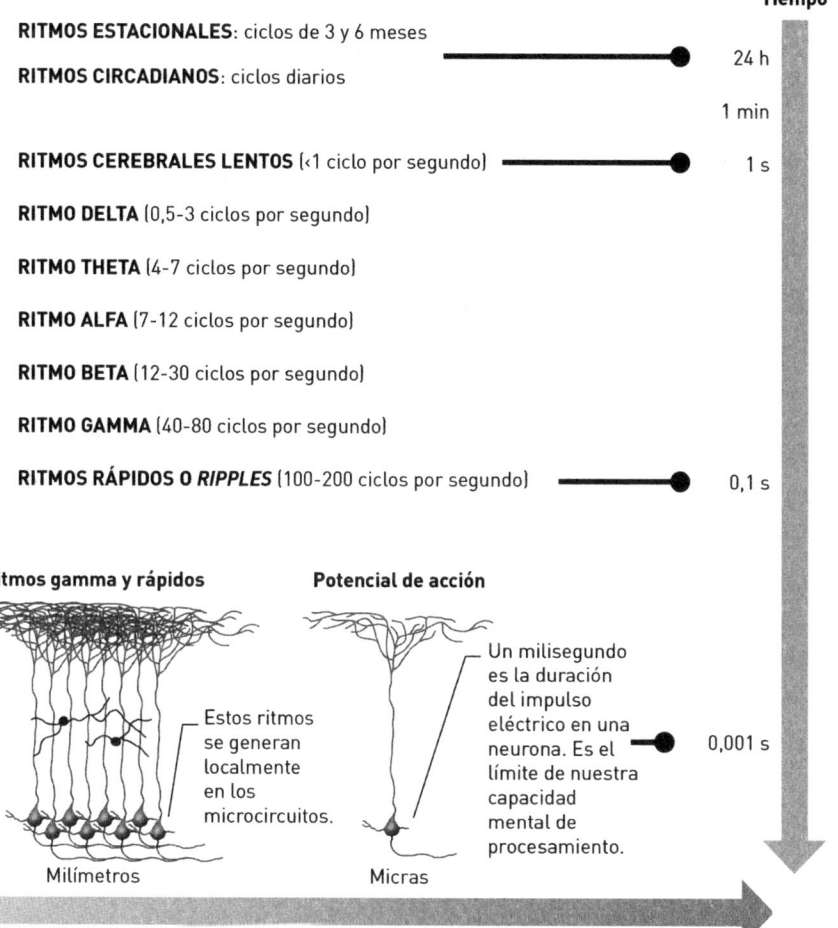

Tiempo

RITMOS ESTACIONALES: ciclos de 3 y 6 meses

RITMOS CIRCADIANOS: ciclos diarios   24 h

1 min

RITMOS CEREBRALES LENTOS (<1 ciclo por segundo)   1 s

RITMO DELTA (0,5-3 ciclos por segundo)

RITMO THETA (4-7 ciclos por segundo)

RITMO ALFA (7-12 ciclos por segundo)

RITMO BETA (12-30 ciclos por segundo)

RITMO GAMMA (40-80 ciclos por segundo)

RITMOS RÁPIDOS O *RIPPLES* (100-200 ciclos por segundo)   0,1 s

Ritmos gamma y rápidos

Potencial de acción

Estos ritmos se generan localmente en los microcircuitos.

Un milisegundo es la duración del impulso eléctrico en una neurona. Es el límite de nuestra capacidad mental de procesamiento.   0,001 s

Milímetros

Micras

En esa estructura es donde se esconde la memoria. Cuando ya sabemos leer, podemos recorrer el texto mucho más rápido, sin darnos apenas cuenta que en la mayoría de los casos nuestro cerebro va por delante de los ojos.

El cerebro es un procesador incesante de la actividad de millones de ensambles neuronales. Si queremos saber realmente cuánta información somos capaces de representar, basta con imaginar la combinatoria que puede llegar a emerger de los más de 100 000 millones de neuronas que tenemos conectadas por más de 1000 billones de sinapsis. Dado que una neurona puede pertenecer a diferentes ensambles, el orden de las secuencias en realidad se desdobla ad infinitum, en una maraña mental. Estas cadenas de ensambles neuronales representan asociaciones establecidas con base en la experiencia acumulada. Son estructuras neuronales complejísimas que vinculan nuestros recuerdos y percepciones.

En las ciencias cognitivas, la palabra griega *skhêma* define una estructura de ideas preconcebidas sobre las que cristalizan los nuevos conocimientos. El término, popularizado por el psicólogo británico Frederic Bartlett, alude necesariamente a un sesgo interpretativo. Para representar nuevas experiencias hacemos uso de lo que ya sabemos, de secuencias establecidas a priori. El apriorismo de Kant no es trivial.

Para el hipocampo, un esquema es una colección de ensambles, una cadena de secuencias reconfigurada bien por la experiencia, bien por la conectividad intrínseca entre las diferentes regiones. Para el cerebro, aprender consiste en crear estas secuencias, tejerlas, reordenarlas, vincular elementos aparentemente disjuntos; cruzar eventos que no necesariamente han ocurrido a la vez, pero que comparten un nexo. La conjunción de la actividad de los diferentes elementos del GPS neuronal da lugar a estructuras neuronales extendidas, patrones mentales que servirán de molde. Las nuevas secuencias neuronales se anclan más fácilmente a estos esquemas, y esto facilita su internalización dentro del proceso perceptivo.

La forma del tiempo como ciclo o como flujo ha alimentado todos los debates posibles. En lo más profundo del cerebro, el tiempo palpita y fluye por igual. Los ritmos cerebrales se desdoblan en una oleada perpetua de secuencias paralelas. Vivir es tejerlas, asociarlas, desdoblar la maraña mental, aumentando su complejidad.

EL GPS ESTÁTICO

Ya se ha dicho que explicar cómo vemos puede parecer relativamente sencillo, pero resulta mucho más complejo explicar cómo interpretamos lo que vemos, cómo nos ubicamos. Hasta ahora hemos descrito los componentes del GPS durante el movimiento y cómo se orquesta el código neuronal que representa nuestra posición en el espacio. Pero ¿qué pasa con las células de lugar cuando dejamos de movernos? Simplemente se callan. Incluso cuando nos encontramos en el centro mismo de su campo receptivo, las células de lugar del hipocampo callan cuando cesa el movimiento. Es como si el GPS se desconectara. ¿Cómo podemos orientarnos así?

Un sistema de navegación debe mantener la cuenta de los tiempos muertos, de las pausas en el camino. Una de las mayores paradojas de la teoría del GPS neuronal es que sus componentes solo se manifiestan de manera óptima durante el movimiento. Cuando los animales se detienen, la señal se apaga en las células de lugar, retícula y velocidad, o se va a la deriva suavemente en las células de dirección. Esto no es un problema si algún otro elemento lleva la cuenta y mantiene un registro de la posición. Esta información debe valer para que una vez echemos a andar podamos recuperar la representación anterior. Pero tal elemento se desconocía. Desde su inicio, esta incongruencia debilitaba la teoría del mapa espacial como mecanismo básico de la función cognitiva.

El cerebro tiene ocultos sus secretos en los sitios más insospechados, o velados por lo que ya creemos conocer. Ya desde Rafael Lorente de Nó, ilustre alumno del padre de la neurociencia moderna y premio Nobel Santiago Ramón y Cajal, la región CA2 del hipocampo había sido considerada una mera transición entre CA3 y CA1. Poblada por células diferentes, constituía una frontera entre dos territorios neuronales bien diferenciados. Y así habría sido considerada durante mucho tiempo si no fuera porque los microelectrodos a veces caen donde no deben.

Reuniendo registros de neuronas en esta pequeña zona de no más de medio milímetro de largo en roedores, varios laboratorios comenzaron a reportar anomalías en su comportamiento. Los campos de lugar de estas células son muy abundantes, pero poco precisos y tienden a mantenerse solo durante períodos cortos de tiempo. Sin embargo, durante las pausas exploratorias, mientras sus vecinas de la región CA1 callan, las neuronas de CA2 se mantienen activadas en sitios específicos del espacio. Actúan como células de lugar estáticas, manteniendo un registro de la posición durante el tiempo muerto. ¿Cómo saben estas células dónde estamos? Si el sistema formado por el hipocampo y la corteza entorrinal está tan bien ajustado para navegar, ¿de dónde sale la señal durante las pausas?

No siempre necesitamos movernos para entender dónde estamos. A veces nos detenemos y oteamos el entorno. Podemos buscar con los ojos, ubicarnos desde lejos. Datos recientes empiezan a acumularse sugiriendo que tenemos en realidad dos sistemas GPS complementarios: uno para la navegación y otro estático. Frente a las células de lugar dinámicas, estarían aquellas neuronas que mantienen el registro de la posición, ubicadas en diferentes regiones del cerebro.

En la corteza entorrinal se han encontrado células de retícula visual, que superponen un sistema de coordenadas sobre el espacio que miramos. También hay células de bordes visuales y otras que representan la dirección de la mirada. Es como si el cerebro tuviera un juego de neuronas dispuestas a codificar lo que vemos, de la misma manera que otras codifican el espacio por el que nos movemos. Curiosamente, el GPS estático parece predominar en humanos y primates asociado a los movimientos oculares, mientras que el GPS dinámico estaría más desarrollado en roedores. Tal vez esto refleje simplemente millones de años de evolución y las diferentes presiones adaptativas entre especies. De hecho, cuando se hace a las ratas observar el comportamiento de otra rata exploradora, el hipocampo de la rata inmóvil muestra células de lugar que mapean la localización de la que explora; células de visión espacial, una suerte de espejo, una proyección del lugar que ocupa el otro.

Mientras estamos despiertos, el cerebro está permanentemente conectado al mundo en un fluir constante. El sistema de células de posicionamiento asociado al movimiento se complementa con otro que codifica los aspectos esenciales de las experiencias durante las pausas. Los ritmos cerebrales unen estas representaciones a través de secuencias neuronales que nos permiten navegar mentalmente incluso si no nos movemos, vinculando los recuerdos con las imágenes de lo que vamos a hacer como un viaje en el tiempo.

La máquina del tiempo

La navegación mental nos permite proyectarnos hacia atrás y adelante en el tiempo físico, un proceso que involucra al hipocampo de manera similar a cuando nos movemos por el mundo real. Los ritmos de actividad eléctrica cerebral se encargan de unir las representaciones adquiridas durante el movimiento y en las pausas, jugando con las secuencias neuronales. Es como si las ondas cerebrales editaran la película de la vida.

En física, la ecuación de onda establece una íntima relación entre espacio y tiempo. En esta formulación, el signo del tiempo es indiferente. El pasado y futuro de la oscilación se rigen por las mismas reglas y se proyectan igual en ambas direcciones. El espacio puede ser intercambiable, ya que podemos ir y venir. El tiempo neuronal debería ser tan relativista como para permitirnos viajar a través de él. Y, en efecto, es así.

John O'Keefe, galardonado con el Premio Nobel de Fisiología o Medicina de 2014, junto con Edvard I. Moser y May-Britt Moser, por sus descubrimientos sobre la orientación en el espacio [Foundation Lindau Nobel Laureate Meetings].

Mentalmente, somos capaces de recordar y proyectar, hacia el pasado y hacia el futuro, mientras conservamos un sentido del flujo del tiempo físico.

La actividad cerebral fluye en ondas que organizan las secuencias neuronales, pero una asimetría fundamental se esconde en las sinapsis, donde diferentes formas de plasticidad operan en función de la relación de disparo entre las neuronas. Hebb, el padre del concepto de los ensambles, imaginó un grupo de células nerviosas que por disparar juntas se conectaban juntas, sin sospechar que un mecanismo biológico no solo garantizaba el cumplimiento de su hipótesis, sino que asignaba un peso diferente a las sinapsis en función del orden del impulso eléctrico.

La plasticidad dependiente del orden ajusta la fortaleza de la conexión entre dos neuronas en función del intervalo entre sus señales. Fue descubierta inicialmente por el neurocientífico de origen chino Mu-ming Poo en las sinapsis neuromusculares, mientras que el neurólogo suizo Henry Markram y el biofísico alemán Bert Sakmann, premio Nobel de Fisiología o Medicina en 1991, describieron su papel clave en los circuitos corticales. En esta forma de plasticidad hebbiana, si una neurona se activa sistemáticamente antes que la otra, ve fortalecidos sus contactos. En cambio, si lo hace después, los verá debilitados. El orden cuenta.

Para que la plasticidad dependiente de orden opere correctamente, el intervalo entre los impulsos eléctricos en las neuronas implicadas debe ser de unas pocas decenas de milisegundos. Otras formas de plasticidad, como la potenciación a largo plazo de Bliss y Lømo, también requieren de actividad de alta frecuencia para producirse. Es importante, además, que la secuencia se repita varias veces, ya que una sola alineación no será suficiente para echar a andar el proceso biológico responsable. Durante la exploración, el orden y la duración de las secuencias son relativamente inciertos, dependen de la velocidad y de la trayectoria. Los laberintos lineales facilitan mucho las cosas, ya que limitan el espacio a explorar a una dimensión, pero el mundo es otra cosa.

Uno de los primeros en darse cuenta de que el cerebro necesita operar a diferentes escalas temporales fue Buzsáki. Hacia finales de la década de 1980 propuso la teoría de los dos estados, basada en sus observaciones de la actividad hipocampal en las ratas durante diferentes situaciones.

Buzsáki observó que las coincidencias de impulsos eléctricos entre diferentes neuronas durante la exploración eran erráticas y pensó que aquello solo podría establecer una memoria muy frágil de los ensambles. En cambio, durante las pausas o durante el sueño profundo, cuando los ritmos hipocampales eran sustituidos por brotes repetidos de actividad, las neuronas se activaban de manera casi síncrona. Más tarde, el neurocientífico húngaro descubrió que esos brotes estaban asociados con unos ritmos muy rápidos de entre 100-200 ciclos por segundos que llamó *ripples*. Los 100 ciclos por segundo suponen intervalos de diez milisegundos, justo los tiempos de la plasticidad.

Así que Buzsáki propuso que el cerebro opera en dos estados: uno en línea con la exploración y otro en las pausas o durante el sueño posterior. En este estado fuera de línea se produciría el afianzamiento de los ensambles a través de la plasticidad asociada a las oscilaciones rápidas. Es decir, durante la fase inicial de exploración se formarían secuencias lábiles, que serían reforzadas a posteriori.

En 1994, los neurocientíficos estadounidenses Matthew Wilson y Bruce McNaughton demostraron por primera vez que aquella teoría tenía sentido. Registrando la actividad del hipocampo de ratas durante el sueño, comprobaron que las mismas secuencias de células de lugar identificadas durante la fase exploratoria eran activadas retrospectivamente durante los ritmos rápidos (fig. 4).

Luego quedó claro que esta reactivación puede ser tan precisa que reproduce el mismo orden experimentado en la fase previa (retrospectivo). Al acelerarse el ritmo, la secuencia se comprime, el período de integración del cerebro se reduce y los impulsos eléctricos encajan perfectamente dentro de los intervalos habilitados para la plasticidad. El sueño no solo es reparador, sino que también ayuda a memorizar.

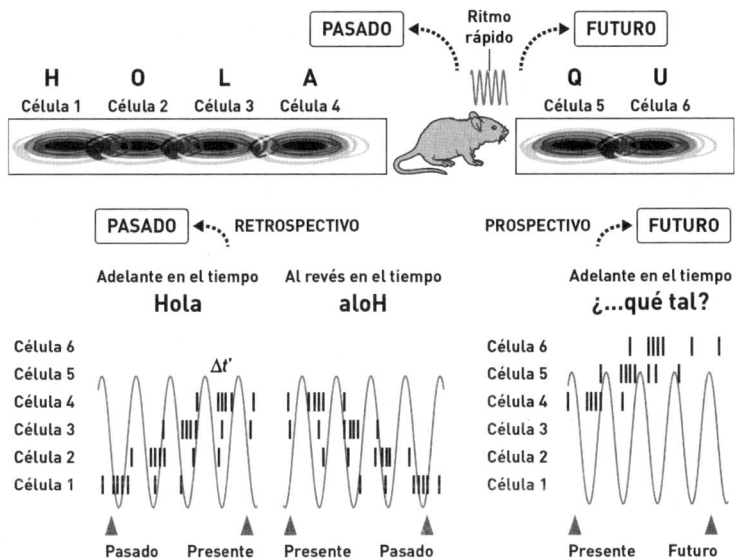

Figura 4. Los ritmos rápidos comprimen las secuencias neuronales adquiridas durante la experiencia (arriba) reactivándolas durante las pausas. La reactivación puede ser retrospectiva hacia el pasado (izquierda) o prospectiva hacia el futuro (derecha). Las secuencias pueden reactivarse en el orden del tiempo y al revés.

Más adelante se vio que los ritmos rápidos emitidos durante las pausas ejercen un papel similar, pero en estos casos las secuencias tienden a reactivarse retrospectivamente en el orden inverso al que fueron experimentadas. Es como si las palabras ya leídas se repitieran leyéndolas al revés en el tiempo. La reactivación del contenido ya explorado permite recordar retrospectivamente lo vivido, como si con cada pausa el animal estuviera rememorando el viaje. Pero usando laberintos largos que incorporan corredores y atajos, se han podido ver también secuencias prospectivas de sitios que no han sido visitados. Los esquemas ya adquiridos seguramente ayudan a construir esos modelos, como si la imaginación volara adelante en el tiempo para predecir lo que vendrá, o tal vez como una anticipación de nuestros pasos, como una manera de tejer un puente neuronal a ambos lados de un tiempo muerto.

Todavía desconocemos los mecanismos que determinan cómo son reactivadas las secuencias neuronales durante los ritmos rápidos y nos cuesta entender su función. El hipocampo y la corteza entorrinal no constituyen un sistema cerebral aislado; es decir, no actúan solos para construir y gestionar los recuerdos. El hipocampo participa de una compleja red de estructuras distribuidas a lo largo del cerebro donde las secuencias neuronales se completan.

Durante la reactivación retrospectiva, el cerebro juega con el tiempo reproduciendo secuencias en órdenes distintos. Tal vez aquellas iniciadas por la posición actual reflejan la perspectiva egocéntrica del momento, el aquí y ahora cerebral. Desde el espacio-tiempo deformado que es una pausa, viajamos hacia atrás en el tiempo, buscando relaciones con otras memorias que ya han sido almacenadas, evocando los recuerdos casi intactos de lo que vivimos. El responsable de ese viaje a través del espacio-tiempo mental, de esa reverberación de la memoria, es nuestro hipocampo. Pero también desde el instante casi imperceptible del presente, las secuencias se proyectan hacia el futuro anticipándonoslo. Nuestra imaginación navega buscando en los circuitos preexistentes nuevas formas de encadenar secuencias. Algunas de ellas serán un plan de acción, una idea, una sospecha que tal vez nunca se va a cumplir, o el reflejo de una imagen construida con el hilo de los sueños.

Tenemos el órgano más poderoso del universo conocido. Aquí, en esta masa gris, el espacio-tiempo se pliega y converge para aglomerar todas las sucesiones que constituyen las experiencias de la vida: cadenas de secuencias neuronales, ordenadas y desordenadas por los ritmos del cerebro, ensambles que reflejan las coincidencias y asociaciones de la miríada de estímulos, eventos y cosas que nos rodean. Nuestro cerebro opera con una aritmética combinatoria, elaborada con los rudimentos de un sistema de navegación que crea un orden y un relato; el orden de los sucesos y el relato de nuestra vida.

EL HIPOCAMPO COMO ORGANIZADOR
DE SECUENCIAS

Si las células de lugar pueden representar el tiempo, si las de tiempo solo echan a andar cuando tenemos que recordar algo durante un intervalo, si los campos espaciales mentales son reconfigurables, si distancia y duración son dos cosas distintas que a veces pueden ser lo mismo, cabe preguntarse entonces qué está representando realmente el hipocampo. Para muchos neurocientíficos el hipocampo es fundamentalmente un sistema de representación espacial y cualquier otra cosa se inserta en ella. Por lo tanto, la clave es el espacio. Para otros, el hipocampo es el gestor de la memoria, un sistema neuronal de uso general para establecer asociaciones mediante los mecanismos de plasticidad.

Tal vez, en algún momento de la larguísima historia de la evolución, en un planeta virgen y salvaje en el que navegar por un océano agitado o encontrar un hueco en la maleza te podía poner a salvo, el hipocampo fue solo un mapa en la cabeza de algún ser vivo. O tal vez cada especie ha tomado lo que el hipocampo ofrece y ha hecho con ello lo mejor que ha podido, creando soluciones optimizadas para los diferentes problemas que el mundo expone: volar, migrar, abrirse camino por los hielos, vagar por un desierto infinito, esperar para saltar sobre la presa. Después de todo, el espacio y el tiempo son el marco donde pasan las cosas. Todo existe en un lugar y en un momento.

Cuando se les pide a las ratas que asocien objetos y olores durante un intervalo de tiempo, el hipocampo crea células de tiempo. Cuando los animales exploran cajas abiertas, las células de borde acotan un sistema reticular y de dirección a partir del cual nuestro cerebro deduce la posición en el espacio. Cuando hacemos que un sonido sistemáticamente preceda a la comida, el hipocampo establece esta asociación. Cuando esto ocurre en un contexto, vinculamos el sonido, la comida y el contexto en una secuencia tan poderosa, que incluso si tiempo después volviéramos al lugar donde ocurrió, nuestro hipocampo nos haría salivar. Los ciegos no pueden ver el espacio, pero pueden orientarse en él; se apoyan en su bastón y en los sonidos para crear un mapa, un espacio-tiempo mental abstracto.

La información visual no es lo único que converge en el hipocampo para vincularnos con el mundo exterior. Usamos todos los sentidos, a veces unos más que otros. En ratas ciegas se encuentran células de lugar con campos espaciales similares a los de las ratas normales. De hecho, la mayoría de las especies de rata tienen una visión borrosa, pues para un roedor sus bigotes o los olores son más importantes que la vista.

Cuanto más se investiga sobre los elementos y mecanismos del GPS neuronal más evidente resulta que este constituye un sistema organizador de secuencias, un clasificador contextual. Los ensambles neuronales son creados por la conjunción de hechos que ocurren en el espacio y el tiempo. Cuando el sonido es la clave, el hipocampo construye un espacio-tiempo de sonidos. Cuando solamente nos queda palpar, el hipocampo fabrica un espacio-tiempo de texturas. Son construcciones abstractas que adquieren un significado funcional. Y es precisamente ese significado de las secuencias neuronales lo que las hace perdurar.

Para el físico y matemático inglés Isaac Newton, el tiempo fluye uniformemente sin importar nada externo. Sin embargo, para el cerebro esto es imposible. El cerebro está permanentemente en contacto con el mundo, absorbiéndolo, integrándolo en un río mental de impulsos eléctricos. Nuestra capacidad de sobrevivir depende de ello, de oler el fuego, de ver un tigre que se abalanza sobre nosotros. El espacio-tiempo cerebral es un río donde el fuego y el tigre tienen la ocasión de converger a lo largo de secuencias.

El neurofisiólogo israelí Nachum Ulanovsky, profesor del Instituto Weizmann de Ciencias, ha utilizado murciélagos para estudiar aspectos más generales de la orientación espacial y la navegación. Estos mamíferos alados utilizan la ecolocalización en el rango de los ultrasonidos, lo que resulta especialmente útil para comprender cómo el hipocampo representa el espacio cuando no hay acceso a la información visual. Al igual que en los roedores, en estos animales se han encontrado células de lugar y de retícula, que codifican su ubicación tridimensional durante el vuelo, así como células de dirección que representan la orientación de la cabeza. Los murciélagos construyen mapas mentales del espacio y las experiencias, similares a como los humanos construimos memorias episódicas. Otros investigadores han descubierto cómo estos animales son capaces de encontrar atajos a través de los obstáculos y memorizar asociaciones contextuales que les permiten localizar el alimento.

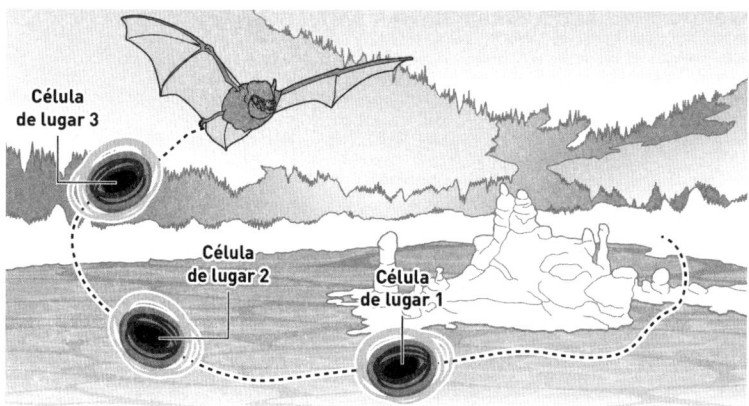

En el hipocampo y la corteza entorrinal de los murciélagos se registran células de lugar, dirección y retícula durante el vuelo, similares a las de los roedores.

«Somos tiempo. Somos ese espacio, ese claro abierto
por las huellas de la memoria en las conexiones
de nuestras neuronas. Somos memoria».
CARLO ROVELLI

EL GPS EN ACCIÓN: SECRETOS DE LA NAVEGACIÓN MENTAL

UTILIZANDO LOS RECURSOS DE NUESTRO GPS NEURONAL SOMOS CAPACES DE ORIENTARNOS EN EL ESPACIO Y PROYECTARNOS EN EL TIEMPO. LA ESTRUCTURA DEL CIRCUITO HIPOCAMPAL NOS DOTA DE CAPACIDADES ÚNICAS PARA IDENTIFICAR DETALLES QUE MARCAN LA DIFERENCIA O GENERALIZAR IDEAS Y CONCEPTOS. INSPIRADOS EN ESTE DISEÑO, CREAMOS AGENTES INTELIGENTES CON CAPACIDADES COGNITIVAS AÑADIDAS.

Mentalmente, el espacio es representado desde una perspectiva egocéntrica y otra general. La primera utiliza un sistema de referencia personal, donde el sujeto es el centro de todo lo que pasa. La segunda refleja la organización del mundo material que nos rodea.

El espacio a su vez adopta un vínculo especial con el tiempo que no está solo determinado por el movimiento, sino por la existencia de asociaciones entre los eventos que se suceden y solapan. Juntos, espacio y tiempo construyen el contexto donde todo pasa. Para el cerebro es solo cuestión de organizar las representaciones. En la formación de esa representación no interviene solo el hipocampo, sino que resulta de un proceso de integración global que involucra diferentes regiones del cerebro.

Un sistema complejo es aquel cuyo funcionamiento no puede ser explicado por la suma de sus partes. Esta definición esconde un nihilismo instrumental: si no podemos separar los componentes nunca seremos capaces de entender cómo funcionan las cosas. Complejidad sería, por lo tanto, un eufemismo de indescifrable, pero tal corolario es falso. Para entender un sistema complejo es necesario abrazar su complejidad al nivel más abstracto posible, allí donde el sistema emerge. Para el cerebro, este nivel está en la función que ejecuta ante diferentes demandas externas, en el nivel del comportamiento del organismo entero. El cerebro solo busca darle un sentido a lo que pasa para permitirnos actuar; somos nosotros los que cerramos el ciclo dando valor a esa proyección mental. Para entender la complejidad necesitamos ver el sistema en acción, observar el comportamiento y buscar una relación con la actividad neuronal que lo sustenta.

PROYECCIONES MENTALES

Diversas investigaciones han puesto de manifiesto la capacidad de los animales para proyectarse en el tiempo. El arrendajo es una especie de pequeña urraca azulada capaz de anticipar el futuro. Mientras la migración y el almacenamiento de comida de muchas especies siguen un patrón estereotipado asociado a las estaciones, los arrendajos pueden cambiar su comportamiento reaccionando a episodios puntuales de la experiencia.

La psicóloga británica Nicola Clayton diseñó un experimento revelador. Durante las primeras horas del día expuso a los arrendajos ante dos compartimentos: en el de la derecha encontrarían piñones para desayunar, mientras que en el de la izquierda no había nada. El acceso a estos espacios se alternaba cada día. El resto del tiempo hasta la noche las aves tenían el paso libre a ambos sectores. Al atardecer del séptimo día, se introdujo un cuenco con semillas en el compartimento central, con acceso abierto a ambos lados. Los arrendajos almacenaron comida en el lado izquierdo, como si anticiparan que, al día siguiente, ese sería el lugar sin desayuno. Estaban usando sus recuerdos para planificar el futuro; estaban viajando mentalmente en el tiempo.

Otros investigadores han identificado estas tácticas también en roedores. Las ratas entrenadas son capaces de asociar olores y sabores con diferentes tendencias de reposición del alimento. Una vez han aprendido, tienen la habilidad de modificar su conducta sobre la marcha para garantizar el acceso a la comida. Esto denota cierta previsión. Nadie ha visto a un ratón salir de su madriguera cuando fuera se oyen ruidos; ellos prefieren esperar. En ocasiones es necesario anticiparse de manera mucho más rápida y efectiva.

Una especie de musaraña africana crea intrincados mapas mentales de una red de caminos a través de la maleza, que patrullan permanentemente durante el día mientras comen insectos y olisquean con su prominente trompa. En cuanto sienten el peligro, escapan por el camino óptimo, adelantándose a los cambios de estrategia de su depredador.

El recuerdo consciente constituye una forma especial de memoria, la memoria episódica. La potencia cognitiva de esta capacidad mental es inmensa. No solo nos ayuda a construir un intrincado atlas personal, sino a aprender de experiencias únicas, establecer asociaciones y crear expectativas. Desde que la neuropsicóloga canadiense Brenda Milner descubrió los déficits de memoria episódica del paciente epiléptico HM, operado de sus dos hipocampos, sospechamos el papel esencial que este sistema desempeña en la función cognitiva. Más recientemente, los neurocientíficos Eleanor Maguire y Demis Hassabis descubrieron que las personas con daños en su hipocampo no solo sufrían algunas formas de amnesia, sino que eran incapaces de imaginar el futuro, como si vivieran atrapadas en el instante. Hoy sabemos que memoria y planificación están íntimamente vinculadas con nuestra capacidad de navegación. El sistema de posicionamiento neuronal sirve para funciones más generales que la mera localización.

Un espacio de opciones

Aunque una vida no puede ser simplificada al extremo, desde el punto de vista conceptual cualquier experiencia puede ser entendida como una cadena de eventos. Independientemente de la complejidad de las interacciones entre eventos y de su naturaleza sensorial, el orden temporal de las secuencias neuronales que los representan puede ser entendido genéricamente como el resultado de una navegación mental. En este sentido, para el hipocampo es irrelevante si se trata o no de recorrer un espacio físico.

Imaginemos a las musarañas en el instante justo en que olisquean a una serpiente y se quedan petrificadas. En este momento, su hipocampo tiene acceso instantáneo al juego de secuencias neuronales pasadas que representan todas las trayectorias andadas y las experiencias asociadas a ellas. Esto incluye el camino que la ha llevado desde la posición A hasta el sitio en el que se encuentra (fig. 1). Los mecanismos de plas-

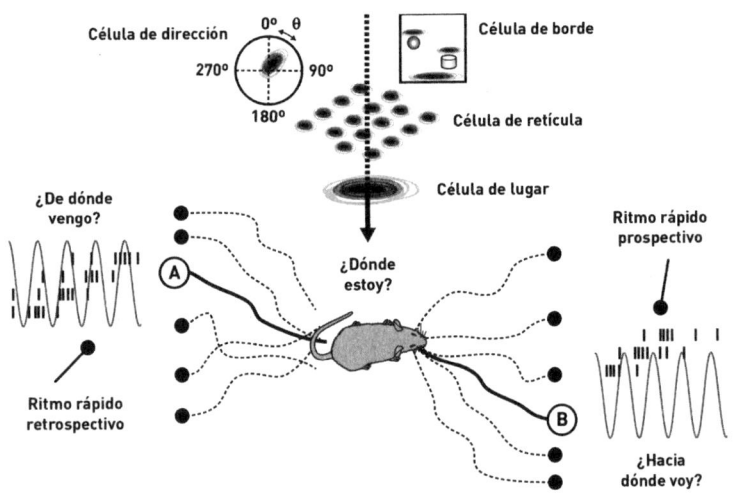

Figura 1. Los elementos básicos del GPS organizados en secuencias neuronales son capaces de realizar las operaciones computacionales necesarias para resolver las preguntas que nos orientan: ¿Dónde estoy? ¿Cómo llegué hasta aquí? ¿Hacia dónde debo correr para escapar?

ticidad asociados a la integración de la ruta actual (representada con una línea gruesa en la figura) habrán dejado ligeramente potenciada esta secuencia neuronal. Tal vez con más tiempo, su hipocampo sería capaz de rememorar muchas más asociaciones y caminos, pero no en la brevísima pausa que concede una serpiente. Así que la reactivación retrospectiva asociada a los ritmos rápidos de la pausa tenderá a favorecer la secuencia más reciente, permitiendo que su hipocampo ponga en marcha rápidamente la actividad de la célula del lugar actual y refuerce la señal de localización. De este modo, la musaraña podrá saber dónde está y de dónde viene. Seguidamente, necesitará usar esa información para decidir hacia dónde correr.

Los ritmos rápidos asociados a las pausas exploratorias suponen un mecanismo especialmente útil para acelerar el procesamiento neuronal de la información. Comprimir las secuencias en unas pocas decenas de milisegundos facilita la reactivación inmediata de ensambles que pueden representar no solo las experiencias pasadas, sino anticipar en el tiempo las secuencias futuras. Se piensa que este mecanismo permite generar un modelo mental de cómo actuar. Pero en el punto en el que se encuentra la musaraña, la reactivación prospectiva de su hipocampo podría activar un número inmanejable de posibles soluciones de escape. No parece haber una razón de peso para favorecer una opción futura sobre otra. Sin embargo, en la situación que nos ocupa el animal busca el camino directo a la madriguera, señalizada como B en la figura anterior. Y la madriguera es su refugio, su hogar. Allí están casi todos sus recuerdos agolpados; ha ido y venido tantas veces que ha acabado sobrerrepresentando este sitio en su cerebro. Por eso, de todas las secuencias posibles que parten de la célula del lugar actual, la más favorable será aquella que converja mejor en secuencias asociadas a un destino conocido. Cuando la musaraña eche a correr después de su brevísima pausa, ya tendrá el viaje mentalmente hecho, ya habrá decidido.

Mecanismos similares operan también durante las fases de navegación mental o física, sin necesidad de las pausas.

Las secuencias se pueden ir construyendo en línea con la adquisición de la información, como cuando leemos un libro. No necesitamos hacer pausas en la lectura, basta con seguir la dinámica interna que ya tenemos aprendida. Esto va insertando el mensaje dentro de nuestro atlas de memoria, que hemos ido completando a lo largo del texto, proporcionándonos esquemas mentales sobre los que construir los elaborados conceptos que nos ocupan. Mientras avanzamos en la lectura, vamos insertando las ideas en los esquemas previos e incrementando el contenido de información. Pero incluso algunas palabras o frases las podremos predecir a partir del orden en las que la hemos ido aprendiendo. A estas alturas seguramente ya habremos interiorizado que con bastante probabilidad después de mapa vendrá mental.

Esta es la forma en la que el GPS cerebral parece funcionar de una manera más eficiente, aprovechándose de las relaciones entre los ensambles neuronales que representan los sucesos vividos, formando trazas con la memoria y usándolas para informar la toma de decisiones sobre nuestros actos futuros. Cuando se impone la realidad, nuestro espacio de opciones se limita de manera irremediable. Ante una serpiente no queda otra que correr. Pero los mismos mecanismos que ayudaron a la musaraña a encontrar la vía de escape, iluminan un espacio de alternativas posibles sobre las que construir otros caminos. Sin una serpiente que nos apremie, podremos echar a volar con nuestro cerebro y tal vez incluso encontrar nuevas soluciones a viejos problemas. La imaginación es una exploración permanente por el vasto espacio-tiempo neuronal.

Construyendo los esquemas mentales

La navegación mental es un proceso que opera paralelamente a cualquier posible computación que estén realizando nuestros circuitos neuronales. Es un flujo constante que involucra a todo el cerebro. Debido a la arquitectura de las conexiones existentes entre la corteza entorrinal y el hipocampo, la actividad neuronal circula recurrentemente en esta estructura. Nos desplacemos o no, nuestro hipocampo está permanentemente navegando por el espacio-tiempo cerebral.

Mediante conexiones sinápticas directas, las neuronas hipocampales se comunican con otras neuronas distribuidas a lo largo de zonas distantes, como la corteza prefrontal. Esta región representa probablemente la parte más evolucionada de nuestro cerebro, ya que es responsable de algunas de las funciones cognitivas superiores, entre las cuales está la capacidad de inhibir los impulsos, de planificar y establecer metas y objetivos. Los circuitos neuronales operan procesando la información sensorial de manera asociativa y modulando nuestro comportamiento posterior. En el bucle que se forma entre los sistemas sensorial y motor, el hipocampo y la corteza prefrontal desempeñan un papel esencial.

Los patrones de reactivación que acompañan a los ritmos rápidos son ideales para establecer vínculos entre regiones. La compresión de las secuencias en tiempos de integración cortos favorece la plasticidad, tejiendo ensambles extendidos que van conectando los territorios cerebrales entre sí. Se han podido confirmar secuencias que involucran neuronas del hipocampo y la corteza visual o la auditiva, posiblemente en línea con las entradas de la información sensorial, pero también otras que vinculan al hipocampo con la amígdala cerebral, que gestiona las emociones, o con el tegmento ventral, encargado de la motivación. De esta manera, diferentes ensambles quedan hilvanados a lo largo del cerebro, vinculando las experiencias y dotándolas de cierto valor; de una valencia psicológica.

Volvamos a la musaraña y la serpiente. Una vez a salvo en la madriguera, la musaraña sentirá un alivio automático y sus neuronas quedarán bañadas de dopamina, el neurotransmisor liberado desde las conexiones que se originan en el tegmento ventral. Esta vía, conocida como la vía del refuerzo, conecta con el hipocampo y la corteza entorrinal.

En presencia de la dopamina, la plasticidad dependiente de orden se vuelve simétrica, fortaleciendo las conexiones entre las células que se estén reactivando juntas. Así que todas las secuencias experimentadas durante el encuentro con el depredador acabarán enlazadas en una cadena de memoria, independientemente del orden en el que fueron vividas. Haber escapado deja a la musaraña con una magnífica sensación. Esto activa unos circuitos especializados de la amígdala cerebral que son responsables de codificar estímulos placenteros, aportando valencia positiva a las memorias que se establezcan asociadas a estos ensambles. El orden quedará supeditado a la asociación.

En cambio, supongamos que la pobre musaraña hubiera sido alcanzada en algún momento por la serpiente, que le habría clavado sus dientes en una mordida brevísima de la que consiguió escabullirse. Al llegar a la madriguera siente un dolor incontrolable. Aunque el veneno no es suficiente para matarla, la deja con un estado general incómodo. Pasa un par de días apocada, recuperándose del traumático encuentro y sintiendo ansiedad y estrés. Esto activa una serie de núcleos en su cerebro que liberan neurotransmisores como la noradrenalina, la cual estimula los circuitos de la amígdala especializados en codificar estímulos nocivos. Las memorias que se establezcan estarán invariablemente asociadas a esta negatividad. El encuentro con una sola serpiente dejará huellas para siempre, generando sensaciones: en un caso, los recuerdos serán placenteros al conseguir escapar; en el otro, todo lo contrario. Un mecanismo biológico ayuda a tejer todas estas memorias.

El proceso que permite hilvanar los ensambles neuronales a lo largo de las regiones se conoce como consolidación. Durante la consolidación, las memorias dejan de depender del hipocampo para ser almacenadas de manera dispersa por todo el cerebro. El paciente epiléptico HM operado de sus dos hipocampos y estudiado por Brenda Milner era incapaz de recordar lo que estaba viviendo, pero retenía intactos los recuerdos de su infancia y juventud. Sufría una forma de amnesia temporal que dio pistas sobre la forma en la que cristaliza la memoria.

A lo largo de la consolidación, las secuencias neuronales relevantes son reactivadas, reforzando sus conexiones y encadenándose con otras secuencias. El proceso tiende a relacionar múltiples trazas que reflejan las asociaciones establecidas. Según avanzan los días, la reactivación neuronal guiada por los ritmos rápidos hipocampales teje asociaciones adicionales con otras secuencias, hilando una madeja de ensambles entrelazados. Con el tiempo, algunas de estas madejas se van debilitando en el hipocampo, mientras otras quedan asociadas de forma más estable a lo largo de la corteza cerebral. Los recuerdos han quedado transferidos (fig. 2).

Durante mucho tiempo se ha hipotetizado acerca de los posibles mecanismos que hacen más estables las memorias corticales, buscando el origen en la fortaleza de las sinapsis. En las neuronas excitadoras, las sinapsis se establecen en las espinas, unas especializaciones distribuidas por las ramificaciones neuronales, parecidas a las excrecencias espinosas de las células de la región CA3. La vida media de una espina hipocampal es de un par de semanas, de modo que al cabo de un mes se estima que la dotación de espinas en las neuronas de

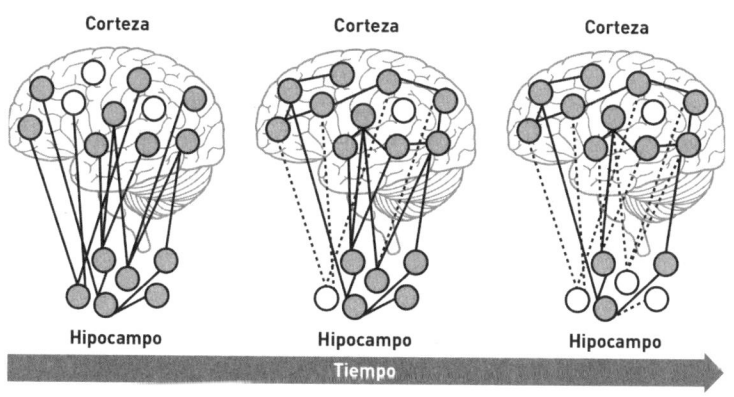

Figura 2. Transferencia de patrones de actividad que involucran ensambles neuronales del hipocampo a la corteza en la consolidación de la memoria. Los ensambles (círculos grises) sufren una reorganización en la que algunas conexiones se pierden (líneas discontinuas) mientras que otras se consolidan (líneas continuas).

la región CA1 del hipocampo se ha sustituido totalmente. En cambio, la mayoría de las espinas de las neuronas corticales son estables en el tiempo. Esta propiedad de las espinas determina la estabilidad de los ensambles entre neuronas, que tienden a ser más dinámicos en el hipocampo comparado con la corteza. Estableciendo una analogía, es como si el hipocampo fuera un búfer de memoria, donde los datos quedan almacenados de una manera temporal. La corteza, por su parte, sería el equivalente a un disco duro que almacena la información de manera más estable en el tiempo.

Evocar un lugar y un momento es navegar otra vez por todo aquello que pasó. A veces, incluso, supone reinventar los recuerdos, mezclarlos con otros que han sucedido y desdoblar las madejas de ensambles. Los ensambles transferidos a la corteza quedan hilados con el hipocampo por un número mínimo de células que pueden desempeñar un papel clave en su reactivación posterior. A veces, un olor nos recuerda un momento lejano, que a su vez nos conecta con lo que acaba de pasar reinventando la memoria una y otra vez. Todo lo que vivimos queda registrado de algún modo en el espacio-tiempo neuronal.

Los engramas

Cuando los ensambles vinculados a una experiencia quedan establecidos de una manera relativamente estable son considerados engramas. Los engramas son los ladrillos elementales de la memoria, las trazas físicas del esquema que el psicólogo estadounidense Karl Lashley buscó sin descanso en regiones específicas del cerebro.

Los engramas se originan a partir de los ensambles. No todas las células de un ensamble quedan vinculadas como memoria. Si así fuera, la carga de nuestro cerebro sería inmanejable, como una hipermnesia permanente en la que acumulamos recuerdos hasta la saturación. Solo cuando la actividad síncrona repetida entre diferentes neuronas activa los mecanismos de plasticidad sináptica, se ponen en marcha complejos procesos conducentes a fortalecer las conexiones entre las células implicadas, sean o no vecinas.

Nuevas técnicas permiten identificar los engramas explotando precisamente la maquinaria molecular que gobierna los cambios físicos persistentes y que lleva necesariamente a la síntesis de nuevas proteínas celulares. Utilizando etiquetas genéticas que identifican las neuronas que se han activado molecularmente se pueden marcar los engramas asociados a experiencias concretas. Por ejemplo, los recuerdos positivos o negativos de la musaraña quedaron vinculados con información contextual de diferentes valencias psicológicas, permitiendo la creación de asociaciones independientes entre neuronas de diferentes territorios neuronales como el hipocampo, la amígdala cerebral y la corteza frontal. Los esquemas que buscaba Lashley están en realidad distribuidos por todo el cerebro.

Hoy en día, los laboratorios de neurociencias disponen de la tecnología necesaria para entrenar poblaciones neuronales específicas dentro de los diferentes territorios neuronales mediante el uso de técnicas optogenéticas. Estas nuevas herramientas permiten incorporar sensores de luz en diferentes tipos celulares, como neuronas activadoras o inhibidoras, o incluso en las propias células que componen una traza de memoria.

El biólogo molecular y neurocientífico japonés Susumu Tonegawa, premio Nobel de Fisiología o Medicina en 1987, utilizó técnicas genéticas para conseguir que las neuronas de un engrama activado por una experiencia determinada expresaran los sensores de luz. Cuando estas mismas células eran posteriormente activadas en un contexto distinto, los ratones manifestaban recordar lo que había sucedido, como si transfirieran la memoria de un sitio a otro. Es como si hiciéramos creer a la musaraña que ha visto una serpiente en la madriguera iluminando las mismas neuronas que codifican la memoria de aquel encuentro, seguramente de la misma manera que los sueños nos devuelven el recuerdo distorsionado de las cosas que nos pasaron durante el día.

Los engramas pueden quedar establecidos de manera permanente o cambiar dinámicamente. Al fin y al cabo, no todos los recuerdos son fijos. Algunos se degradan en el tiempo, mientras que otros se confunden con memorias ya formadas. La aparición paralela de engramas estables y dinámicos refleja la actividad natural de nuestro cerebro que reasigna constantemente ensambles mientras teje una madeja de conexiones por las que fluyen las secuencias de la actividad neuronal.

La inestable certeza de las memorias

La madeja de secuencias y códigos que circulan por las diferentes regiones cerebrales articulan una red de asociaciones mentales. A lo largo del tiempo de la consolidación, los diferentes ensambles construyen un enrejado de recuerdos. Al principio de este proceso, nuestro cerebro prioriza las interacciones entre las neuronas más recientemente activas, ya que estas tienen una mayor probabilidad de ser reclutadas en el entramado de ensambles. Este fenómeno tiene algunos efectos cognitivos interesantes.

El primero, es que los recuerdos de eventos contemporáneos en el tiempo tenderán a quedar vinculados. Por ejemplo, podemos acabar mezclando la memoria de dos experiencias sucesivas, como un encuentro con alguien en una plaza seguido de la visita a un museo tiempo más tarde. La mera exposición a dos eventos distintos, pero temporalmente asociados, genera interferencia entre las secuencias neuronales. La reactivación de estas secuencias juntas y separadas por los ritmos de alta frecuencia tiene un efecto estabilizador dentro del mapa cognitivo, dejando hilado el vínculo de una asociación.

Una segunda consecuencia de la dinámica temporal de la consolidación es que la interferencia entre los recuerdos y su vinculación con el presente tiende a diluirse en el tiempo. De este modo, estamos mucho más influidos por los acontecimientos recientes y formamos las memorias con este sesgo implícito. Esto puede ser usado para distorsionar nuestro juicio, como es el caso del uso de narrativas intencionadas sobre los hechos.

Durante las primeras fases de la consolidación existe una fragilidad intrínseca en el proceso, ya que las asociaciones entre las secuencias neuronales en formación son más susceptibles de incluir nuevos elementos en la cadena de memoria. Esta es precisamente la esencia del mecanismo: la misma ductilidad que facilita la formación de nuevos recuerdos amenaza su veracidad. Ser conscientes de esta fragilidad debería hacernos más sabios.

El diseño de nuestro GPS neuronal nos ayuda a navegar por el espacio y el tiempo y a construir memorias con lo que nos pasa. Pero nada en este sistema nos previene de que los mismos mecanismos tejan recuerdos engañosos.

El neurólogo británico Oliver Sacks contaba en sus memorias cómo los recuerdos de algunos hechos acaecidos en su infancia estaban deformados, haciéndole creer durante casi toda su vida que había estado en Londres durante los bombardeos de la Segunda Guerra Mundial. En realidad, nunca había estado allí, pero él recordaba nítidamente una serie de sucesos, como si fueran reales. Esa falsa memoria había sido de algún modo transferida a él a partir de las vivencias de su hermano, que vivió y narró los hechos. Se trataba de una cadena de ensambles fabricada en su mente a partir de elementos compartidos: una carta, la nitidez del relato, la angustia por su familia. Su cerebro había asociado esas narrativas con sus vivencias y las había mezclado, había creado ensambles usando los mismos mecanismos que crean las memorias personales. Lo falso era que él hubiera estado allí; todo lo demás se tejió con los mismos hilos de su memoria.

La optogenética permite expresar canales iónicos sensibles a la luz, como la canalrodopsina o la halorodopsina, en neuronas que de manera natural no los tienen. Los canales iónicos forman en la membrana de las neuronas poros selectivos para determinados iones que llevan carga eléctrica de distinto signo. La canalrodopsina deja pasar iones que activan a las neuronas mientras que la halorodopsina las inhibe. De este modo, utilizando solo luz podemos controlar la actividad de poblaciones celulares específicas (a la izquierda de la figura). Con técnicas optogenéticas es posible, por ejemplo, crear campos espaciales artificiales, activando selectivamente las neuronas del hipocampo en lugares específicos. También se pueden generar asociaciones ficticias entre eventos y contextos; por ejemplo, activando células de lugar solamente cuando se escuchen determinados sonidos.

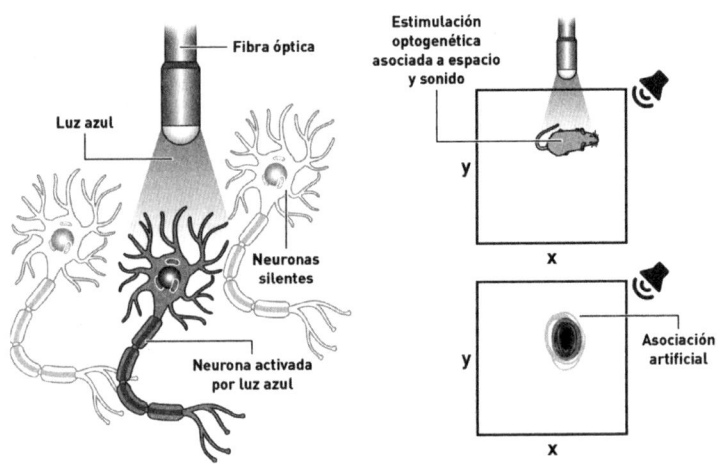

Uso de la optogenética para que las neuronas sean sensibles a la luz y respondan selectivamente cuando el cerebro sea iluminado con una fibra óptica. Si esta estimulación se vincula a un sonido cuando el sujeto ocupa un lugar del espacio, se puede crear una asociación artificial entre estos elementos perceptivos.

CLASIFICANDO PATRONES

El cerebro es un sastre experto capaz de hilar sobre la marcha usando patrones ya aprendidos. Los usa como molde para rellenar huecos y para anticipar secuencias. Un patrón se refiere a cualquier regularidad entre diferentes elementos que nos permite establecer asociaciones. Por ejemplo: «Coser y...». No es necesario escribir la frase entera, ya sabemos lo que viene. «Coser y cantar».

En su versión más simple, un patrón puede repetirse de manera periódica y formar estructuras simétricas, como los azulejos o las teselas de la Alhambra. Pero también puede establecerse temporalmente. En el jazz hay motivos que se repiten, secuencias melódicas que se insertan dentro de la improvisación y van dando estructura a la música que emerge. Esto ayuda al intérprete a enlazar las diferentes partes de la composición.

De manera parecida, las secuencias neuronales, se establezcan o no sobre motivos espaciales repetidos, sirven como patrones para identificar otras secuencias similares dentro del acervo neuronal de la memoria. Un patrón puede acabar asociando una serie de componentes en un conjunto más elaborado. Por ejemplo, el concepto flor está generalmente asociado con un tallo y sus hojas. No se trata de un patrón simétrico en sí, ni en el espacio ni en el tiempo, sino de la existencia de elementos que generalmente se dan juntos. Un esquema mental une flor, olor, color, tallo, forma y hojas. Si vemos una flor, esperamos ver el tallo; otra cosa podría resultar más sorprendente. El tallo y la flor son la flor.

Los patrones neuronales están tejidos con los mismos elementos que los ensambles y la memoria. Son cadenas de secuencias que hilvanan los diferentes atributos que componen una realidad. Cuando leemos una frase, un fragmento incompleto de algo que ya tenemos interiorizado, nuestro cerebro es capaz de encontrar rápidamente las asociaciones y activar las secuencias correspondientes, ayudándonos a completar el mensaje. La existencia de patrones y esquemas ya aprendidos facilitan este proceso. Este mismo mecanismo ayuda a la musaraña a buscar las secuencias que convergen en la ruta a la guarida, y a nosotros a reactivar las trazas de la memoria que ya han sido transferidas a la corteza cerebral.

El hecho de que la codificación neuronal se base en ensambles establecidos por los procesos de plasticidad sináptica permite hilar secuencias a través de patrones comunes. Los ensambles que compartan neuronas tendrán mayor probabilidad de ser asociados, ya que aquellas células que se han activado juntas han fortalecido sus conexiones. Cuanto más directamente estén conectadas entre sí las neuronas, más fácil y rápida será la asociación.

En el caso de la musaraña, el patrón más común a muchas de las secuencias que almacena en su memoria es su guarida o las rutas que siempre le llevan a ella: un olor familiar, la forma de la entrada, la vegetación que la rodea, los sonidos del entorno, etc. Todo esto está representado en su cabeza, en miles de secuencias neuronales que comparten patrones porque ya se han activado juntas en su espacio-tiempo mental durante la consolidación. Así que en el instante en el que su hipocampo lanzó una búsqueda prospectiva de posibles vías de escape hacia la madriguera, estos patrones precipitaron la reactivación de la secuencia que compartía más conexiones con las células del lugar en el que se encontraba.

Los impulsos eléctricos de unas cuantas neuronas (el patrón), facilitaron la reactivación de secuencias que vinculan la guarida. Este proceso se conoce como finalización de patrones y constituye un tipo especial de generalización. Nos permite completar la percepción a partir de una información parcial y elaborar conceptualmente a partir de unos elementos comunes mínimos.

Pero los mecanismos de finalización de patrones pueden tener efectos negativos si no se controlan. Las secuencias pueden acabar convergiendo y generar asociaciones confusas, una superposición de recuerdos. Por ejemplo, a veces resulta difícil recordar dónde dejamos algo y necesitamos navegar mentalmente reactivando la memoria de lo que hicimos hasta que conseguimos verlo claramente. Este proceso, conocido como separación de patrones, nos permite disociar recuerdos similares centrándonos en las diferencias sutiles. Nos ayuda a discriminar entre experiencias y a identificar los detalles.

Si nuestro cerebro opera asociando aquello que nos ocurre con los esquemas y patrones que hemos ido erigiendo, al final nuestra comprensión del mundo es siempre referencial. No hay o no parecen existir patrones absolutos contra los que podamos medirnos. El código neuronal es fundamentalmente relativo. Los esquemas mentales son construcciones que surgen a partir de la experiencia, del lenguaje y de la cultura que heredamos, pasados por el filtro de lo que somos. Ese relativismo se construye desde la libertad de saltarnos la lógica que lleva de A a B y sobrevolar el espacio de opciones mentales que nos permiten imaginar y soñar.

Pero hay un límite en este proceso que Aristóteles supo reducir hasta el absurdo: si todo es relativo, todo es verdadero y falso a la vez. Una serpiente es una serpiente y escapar no es una opción; es la única salida para una musaraña y para el ser humano. Reconocer patrones y finalizarlos con arreglo a las memorias ya creadas es la solución computacional más eficiente en un mundo dinámico. Sostener un modelo invariable de la realidad, rígido y universal no es adaptativo. Y nosotros hemos llegado hasta aquí a base de lidiar con miles de contingencias. Pero cuando la realidad nos enseña una y otra vez que una serpiente muerde y mata, que una piedra cae, que dos más dos son cuatro, entendemos que hay esquemas absolutos que valen la pena.

Finalización y separación de patrones

La flexibilidad cognitiva es una función ejecutiva que refleja la capacidad de adoptar diferentes soluciones o estrategias según las circunstancias, un balance mental entre relativismo y absolutismo. Tiene mucho que ver con los recursos de finalización y separación de patrones que nuestro cerebro explota para elegir soluciones diferentes a partir de un conjunto de opciones.

La finalización de patrones se implementa mejor en redes de neuronas densamente conectadas entre sí y asociadas a mecanismos de plasticidad que potencian a largo plazo los contactos convergentes y debilitan aquellos que divergen. Este mecanismo contribuye a diluir la conectividad general mientras favorece la formación de los ensambles; es decir, refuerza la conexión entre pequeños grupos de neuronas. En cambio, la separación de patrones se implementa mejor cuando las conexiones corren en paralelo. En la primera red, la activación de un número pequeño de células nerviosas se propagará rápidamente por el circuito reclutando a los ensambles conectados; en el otro caso no habrá tal trasvase de actividad.

El hipocampo es especialmente bueno en separar y finalizar patrones, una tarea que se distribuye entre sus distintas regiones, desde el giro dentado hasta la región CA3. Esta capacidad computacional puede, de hecho, ser compartida con otras áreas del cerebro.

Aunque los patrones se esconden en las secuencias de activación neuronal, su separación o finalización se refleja claramente en la forma en la que responden las células de lugar individuales cuando las exponemos a contextos diferentes. Las neuronas del giro dentado reciben las entradas sinápticas directamente desde la corteza entorrinal y no se conectan prácticamente entre sí.

La actividad de estas células diferencia muy bien la presencia del sujeto en dos habitaciones distintas, una cuadrada y otra circular (fig. 3). Las células 1, 2 y 3 del giro dentado mostradas a la izquierda de la figura reorganizan sus campos espaciales en función del entorno y, por lo tanto, son capaces de informar sobre las diferencias. Ayudan a separar contextos. En cambio, las células 4, 5 y 6 de la región CA3 de la derecha mantienen su representación espacial en ambas habitaciones mostrando campos similares. No son sensibles a las diferencias. Estas neuronas están muy conectadas las unas con las otras, lo que favorece una eficiente transmisión de la actividad de unas pocas células a las demás. La presencia de algún elemento común, como por ejemplo una ventana orientada al este en ambas habitaciones, favorecerá la generalización.

Esta propiedad de los circuitos del hipocampo dota al cerebro de una capacidad especial a la hora de asociar memorias con contextos. Lo que ocurra en una habitación y otra será separado y generalizado por diferentes secuencias neuronales en las regiones del giro dentado y CA3. La información será transmitida hacia las células de lugar de la región CA1 que reorganizarán sus mapas espaciales en los diferentes contextos, reflejando el resultado de esta comparación.

Durante la consolidación, diferentes secuencias neuronales hilvanan los ensambles entre estructuras cerebrales aportando información adicional. Si la experiencia es placentera en un contexto y traumática en otro, las memorias quedarán disociadas por valencias opuestas codificadas por la actividad de diferentes regiones cerebrales. Estos mecanismos nos permiten identificar dónde ocurrió cada cosa. La organización espaciotemporal de la navegación mental inserta las secuencias en un orden y les dota de una valencia, lo que luego nos ayuda a ponerlas en relación con otras secuencias y memorias.

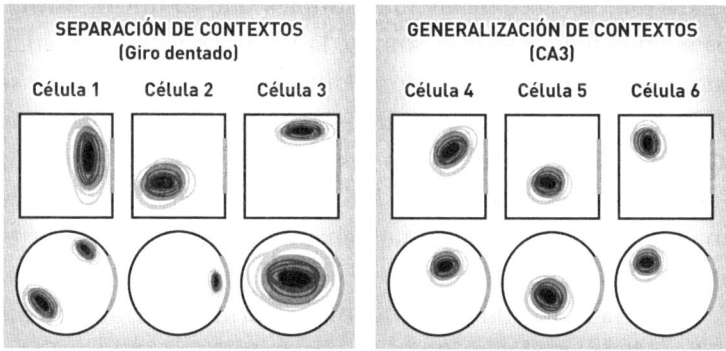

Figura 3. Separación y generalización. Las células de lugar 1, 2 y 3 del giro dentado son especialmente sensibles a los detalles y reorganizan sus campos espaciales en dos habitaciones distintas, que comparten una ventana que mira al este (en gris). Las neuronas 4, 5 y 6 de la región CA3 generalizan su actividad en ambos contextos.

Todo ocurre en un lugar y en un momento. Estos son los atributos del espacio y el tiempo que el hipocampo es capaz de integrar y transferir como experiencias únicas, hiladas en una maraña de recuerdos personales. Nuestro cerebro crea secuencias con patrones que más tarde podrá separar o completar a partir de datos parciales, permitiéndonos de este modo percibir las diferencias y semejanzas en un espacio de opciones.

La flexibilidad cognitiva resulta de un aumento en la separación de patrones, ampliando el abanico de alternativas neuronales posibles. Llevada al extremo, puede convertirse en un problema, pues la fijación desmedida en los detalles solo trae sufrimiento. La generalización aporta un mecanismo compensatorio, pero en su versión más exagerada puede conducir a mezclar peras con manzanas cuando no conviene. Como en todo, la virtud está en el medio.

Los conceptos y los esquemas

Los patrones que emergen de la maraña de ensambles acoplados que pueblan nuestra corteza cerebral son producto de un complejo procesamiento neuronal. Como resultado de la consolidación, las secuencias más simples que codifican estímulos elementales como un sonido, la luz y los colores, quedan integradas con otras que representan la posición en la que se vio la luz y se escuchó el sonido, que a su vez se enlazan con aquellas que se vinculan a lo que hemos entendido como luz y sonido. El pitido de un tren indica que debemos partir; el de una alarma de incendios que debemos correr. Partir y correr son dos cosas distintas.

Las redes neuronales extendidas forman un andamiaje elaborado para el pensamiento y la función cognitiva. Estos esquemas mentales abstractos constituyen redes asociativas que integran elementos representacionales básicos de episodios o conceptos múltiples. Hay cierta magia en ellos. Son la cara y la cruz de nuestra inteligencia. Los esquemas facilitan la convergencia de secuencias neuronales durante la reactivación que acompaña a la consolidación, haciendo más rápido el procesamiento. Es más fácil incorporar información sobre lo ya sabido. Si ya tenemos una idea de lo que es el mar no será difícil imaginar un tsunami, aunque nunca lo hayamos visto. Pero las estructuras preconcebidas necesariamente limitan nuestro espacio representacional.

La convergencia en esquemas mediante los procesos de generalización nos permite adscribir nuevas experiencias y conceptos a elementos ya aprendidos, como cuando identificamos un cuadrado o un círculo a partir de una información incompleta (fig. 4A). En realidad, las figuras geométricas que emergen en este ejemplo son producto de una construcción mental, no han sido dibujadas como tal. Vemos un cuadrado y un círculo porque tenemos estos esquemas hechos en nuestra mente. Los detalles nos hacen percibir incluso una diferencia de tamaño exagerada entre ellos, cuando en realidad el uno está contenido en el otro. Extrapolando el intento, el cuadrado y el círculo pueden reflejar una duda entre dos opciones sobre las que decidir. Son dos abstracciones de nuestra mente, estructuradas a partir de una realidad que solo fue dibujada por los bordes.

El carácter brusco o progresivo de experiencias contrastantes determina nuestra habilidad para ser consciente de los cambios. En la progresiva transformación del cuadrado al círculo, las células del hipocampo reorganizan sus campos representacionales de una manera sutil (fig. 4B). Si sumamos este ejercicio a través de los ensambles de cientos de miles de células, el grado de cambio favorece la asimilación de la transformación. Cuántas veces nos preguntamos cómo hemos llegado hasta aquí, cómo no hemos visto lo que estaba pasando ante nuestros ojos. Las sutilezas de las transformaciones graduales no son detectables fácilmente porque entran dentro del margen de nuestro error neuronal, del equilibrio entre nuestra capacidad de separar y generalizar. En cambio, pasar de una situación contextual a otra reorganiza las secuencias bruscamente, resaltando las diferencias. Somos más conscientes del cambio.

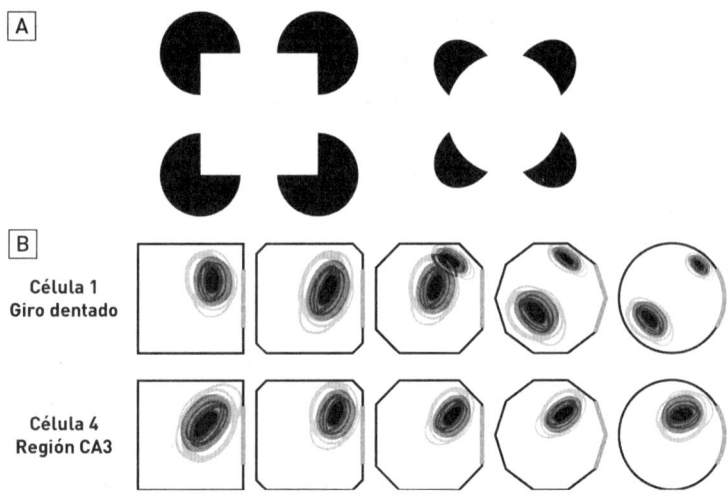

Figura 4. La imagen superior representa dos ilusiones ópticas que ilustran los procesos de generalización, ejemplificados por un cuadrado y un círculo. La imagen inferior muestra cómo dos tipos de neuronas del hipocampo codifican los cambios progresivos por separación y finalización de patrones.

Si el cerebro es capaz de enlazar patrones, edificando esquemas mentales a los que anclar nuevas experiencias, casi todo lo que somos capaces de entender, asimilar e imaginar tiene mucho que ver con lo que ya hemos aprendido, con lo que creemos posible. Para el hipocampo converger sobre secuencias consolidadas, generalizar o separar puede ser una elección. Cuando vislumbramos un cuadrado inmediatamente empezamos a buscar sus límites. Entonces profundizamos en la percepción y nos damos cuenta de la ilusión. El proceso puede llegar a ser perturbador o gratificante. Las neuronas hipocampales son sensibles a la valencia de esa recompensa. Evidentemente nadie busca sentirse a disgusto. Si todos ven un cuadrado, tal vez acabemos aceptándolo antes.

Los esquemas y los conceptos determinan nuestro espacio de opciones mentales. Y optar por una u otra solución supone a veces elegir lo que queremos creer. Cuando entendemos lo que se nos explica, se activa la vía del refuerzo y las nuevas ideas convergen en los esquemas más afines. Cuando algo no cuadra, la sensación es opuesta. Las ideas contraintuitivas producen emociones negativas. Rechazamos lo que no conseguimos integrar en los esquemas existentes. Esta es la base de la razón, pero también de un sesgo, el sesgo de confirmación. A veces solemos favorecer aquello que certifica lo que ya sabemos o creemos saber.

Es evidente que la construcción de estos andamiajes mentales es progresiva y acompaña al desarrollo del individuo. Los esquemas son la forma de la experiencia, pero también su limitación. El psicólogo de origen suizo Jean Piaget desarrolló sus enfoques sobre la evolución del conocimiento humano a partir de las ideas cruciales de Frederic Bartlett sobre la influencia de los estereotipos en la memoria. Para Bartlett, construimos nuestro discurso vital en un ajuste permanente de las secuencias de eventos que vamos tejiendo a lo largo de la vida, un relato interno del viaje mental por el espacio y el tiempo físico. Piaget sostenía que nuestra capacidad de asimilación de la realidad dependía de estas estructuras mentales en evolución. La mente forma un sistema perceptivo complejo del que emerge una abstracción que usamos para interpretar el mundo. Desde esta perspectiva, el resultado no es fácilmente predecible a partir de los elementos que lo construyen. Es otra cosa. El eje estímulo-respuesta nunca podrá ser suficiente para explicar lo que somos, para desmenuzar los secretos de nuestra mente. Solo puede darnos pistas. Todo aquello que nos define está hecho de impulsos eléctricos, de secuencias, de ensambles, pero la forma de esta combinación es fundamentalmente abstracta y es precisamente esta abstracción la que nos da sentido.

La puerta de Tannhäuser

Según la leyenda, un caballero medieval llamado Tannhäuser descubre la puerta a una gruta subterránea que le conduce al monte donde habita una diosa y adquiere poderes sobrenaturales. Miles de años después, un androide herido dice haber visto cosas que nosotros no creeríamos más allá de una puerta parecida en los confines del universo. Ambas historias están unidas a lo largo del tiempo por una ilusión compartida, la de trascender el instante y el lugar en que vivimos. La puerta que cruzaron ambos personajes es la de la singularidad, ese momento hipotético a partir del cual todo cambia para la raza humana.

Mientras O'Keefe intentaba entender cómo representamos el espacio, el informático estadounidense Marvin Minsky buscaba desarrollar algoritmos que acercaran al ser humano y la máquina. Minsky intuyó que, para poder simular el funcionamiento del cerebro, debería reproducir sus esquemas, crear marcos digitales que representaran modelos abstractos al servicio de problemas concretos, como todos los movimientos posibles de las piezas del ajedrez. A partir de esta concepción, el campo de la inteligencia artificial evolucionó y buscó inspiración entre los circuitos de neuronas conectadas. Entonces, las redes neuronales artificiales incorporaron algunas de las reglas más básicas de la conectividad sináptica. Con ellas, los algoritmos ganaron en capacidad cognitiva al ser capaces de especializarse mediante el aprendizaje automático.

La aspiración de inventar sistemas inteligentes puede verse como un ejemplo extremo de esa necesidad de proyectar nuestra mente. En nuestro intento de imitar la naturaleza hemos copiado soluciones que luego nos han ayudado a entender mejor cómo funcionan las cosas, ampliando nuestro registro imaginativo. Esta simbiosis entre las herramientas que inventamos y lo que hacemos con ellas no deja indiferente al cerebro humano.

La teoría del mapa cognitivo es en realidad una construcción útil para interpretar la realidad. Cuando vemos células de lugar poblando el espacio recorrido por las ratas, imaginamos una función y fabricamos una conjetura. Luego usamos la información de estas células y las de borde, las de retícula y dirección para hacer inferencias sobre el camino que han de tomar. Al explicar su comportamiento con nuestros cálculos, sentimos que también entendemos una parte de lo que somos. Entonces buscamos en nosotros para encontrar los mismos algoritmos naturales, conservados de ratas a humanos de una manera casi intacta. Los datos cuadran en los esquemas. Ni siquiera los científicos se libran de ellos.

DeepMind es una empresa británica de inteligencia artificial fundada por Demis Hassabis, el mismo que identificó una conexión entre memoria e imaginación en la actividad hipocampal. Utilizando un programa desarrollado para navegar por los laberintos de una realidad virtual, la compañía hizo un descubrimiento sorprendente. Se entrenó una red neuronal para imitar la integración de ruta utilizando trayectorias reales de ratones y técnicas de aprendizaje y recompensa. Cuando el programa echó a andar, emergió espontáneamente algo parecido a las células de retícula. La red autoorganizada podía navegar de manera mucho más eficiente que cualquier otro sistema artificial ideado hasta entonces y llegó incluso a tomar atajos. Esto es mucho más que confirmar una conjetura. Aquí se trata de que un algoritmo diseñado con unos principios básicos inspirados en el diseño biológico acabó construyendo una abstracción similar a la de nuestro cerebro, una retícula perfecta para navegar.

Herido bajo la lluvia, abrazado a una paloma, el replicante de la película *Blade Runner* (1982) dijo haber visto aquello que no creeríamos porque no tenemos aún esquemas donde encajarlo. Descubrir los secretos del GPS cerebral nos ha abierto la mente a otras formas de aprehender la realidad, a otras maneras de interpretar el mundo y de comprendernos. Imitando su diseño, hemos visto emerger las mismas soluciones que se esconden en nuestra mente, y otras que aún no sabemos explicar. Inspirados en las redes cerebrales, avanzamos hacia un nuevo salto tecnológico que transformará nuestra vida. Esos son los destellos lejanos que perforan las puertas de nuestra percepción mental, enseñándonos un futuro que ahora mismo nos cuesta imaginar.

La inteligencia artificial se ha visto impulsada por el uso de redes neurales inspiradas en los diseños de circuitos neuronales biológicos. Se trata de una serie de neuronas artificiales conectadas entre sí mediante reglas de plasticidad que modifican las conexiones. La actividad de cada neurona artificial se modela como una función en el tiempo de valores 0 y 1. Cuando la neurona está activa emite pulsos de valor 1. La actividad de cada neurona depende de una función de activación que integra los impulsos que le llegan de todas las neuronas con las que está conectada. A cada conexión se le asigna un peso específico cuyo valor aumenta o disminuye en función de alguna regla de plasticidad. Una de las aplicaciones más interesantes de estas redes es la propiedad de aprender, es decir, la habilidad de modificar los pesos y las funciones matemáticas de activación e integración en función de un objetivo dado. En general se utilizan tres paradigmas de aprendizaje en las redes neurales artificiales: el supervisado, en el que se busca, por ejemplo, reconocer patrones; el no supervisado, en el que se busca agrupar datos de acuerdo a sus similitudes, y el aprendizaje por refuerzo, en el que se busca interaccionar con un elemento externo a controlar.

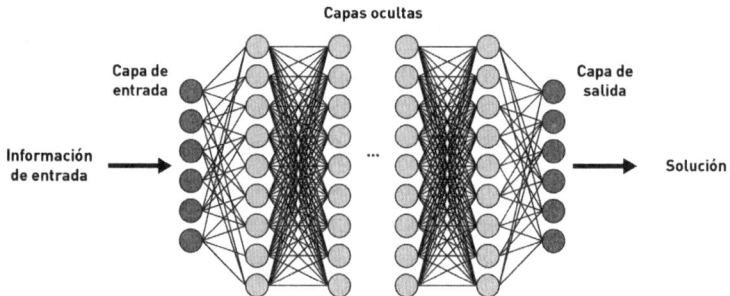

Las redes neurales se organizan en diferentes capas, siendo las de entrada y salidas las más expuestas. Las capas ocultas se relacionan entre sí de manera lineal o no lineal. Las redes neurales organizadas así se conocen como redes profundas y se aplican en inteligencia artificial.

«Cada acto de memoria es, hasta cierto punto, un acto de imaginación».
GERALD M. EDELMAN & GIULIO TONONI

EXTENDIENDO LAS CAPACIDADES DEL GPS NEURONAL

NUEVAS INVENCIONES NOS PERMITEN ACERCARNOS AL GPS NEURONAL DESDE UNA PERSPECTIVA HÍBRIDA CEREBRO-MÁQUINA. CON LOS SISTEMAS DE REALIDAD VIRTUAL Y REALIDAD AUMENTADA, ACOPLADOS CON NUESTRO CEREBRO MEDIANTE INTERFACES DIGITALES, SE VISLUMBRA UN FUTURO EN EL QUE PODREMOS EXTENDER NUESTRAS CAPACIDADES PARA NAVEGAR NUEVOS ESPACIOS. NUESTRA PRÓXIMA EVOLUCIÓN SERÁ NECESARIAMENTE LA DEL HOMBRE Y LA MÁQUINA.

En la película de ciencia ficción *Avatar* (2009), un soldado parapléjico llega a un planeta increíble, Pandora, donde todo el sistema natural forma una red sensorial extensa que une al mundo animal y el vegetal. Los habitantes del lugar son capaces de conectarse con dragones alados y dirigirlos hacia las profundidades de unas selvas pobladas de árboles extraños con los que también pueden ensamblarse. El inválido soldado es acoplado a este mundo desde una interfaz cerebro-máquina que le proyecta en aquel espacio real, una especie de virtualidad circular donde lo que vive en su mente tiene una manifestación directa sobre su avatar, que se encarna en la realidad de Pandora de una forma inexplicada. Las sensaciones que percibe en ese juego de espejos le permiten superar sus limitaciones físicas y por primera vez en años es capaz de correr, luchar, sentir y enamorarse dentro de un mundo lleno de luces y sombras que le captura sin remedio. Cada vez que se desenchufa de la máquina y debe cargar sus piernas muertas sobre la silla de ruedas de este mundo físico, siente que ha dejado de pertenecer a una realidad por otra.

Aunque todavía estamos lejos de que nuestros sentidos se transformen de forma parecida, el futuro fuerza a nuestra mente a integrar escalonadamente nuevos patrones. Los más jóvenes nacidos en la era digital interaccionan con las máquinas de un modo tan intuitivo que a veces asusta. Los más mayores arrastran sus esquemas ya formados y se esfuerzan por incorporar las nuevas tecnologías de una manera razonablemente digna. Sus cerebros resisten doblemente el envite; primero por su descomunal novedad y segundo porque la cada vez más extensa longevidad del ser humano interfiere con su capacidad de aprender cosas nuevas y altera su memoria. Para aquellos que no han nacido en plena revolución digital y no han podido desarrollar los esquemas mentales facilitadores, cada versión de un invento, cada nueva aplicación, es un salto en el vacío.

El futuro siempre representa un reto y una oportunidad. Posiblemente, nuestro cerebro sea el órgano más afectado por todos los desafíos que supone el tiempo por venir. Durante miles de millones de años hemos evolucionado a partir de especies ancestrales, construyéndonos al ritmo de los cambios que este planeta y su universo nos impuso: largas estaciones de meses fríos y cálidos, fases de la luna y un duelo permanente contra lo inesperado o lo desconocido, como huir de un tigre, pescar de un río o encontrar caminos dentro de las cuevas. Eso esculpió nuestros genes y diseñó un sistema nervioso que nos permitió hacernos poco a poco con el dominio del planeta hasta situarnos en lo más alto de la escala evolutiva. Todos estos cambios fueron suficientemente graduales, pero el futuro no lo es, sino que avanza vertiginosamente sin darnos tiempo a asimilarlo.

Estamos sometidos a cientos de cambios que a veces no percibimos. La obstinación de los horarios limita nuestro reloj interno e interfiere con los biorritmos personales. El planeta se achica y globaliza. Las lenguas se mezclan y evolucionan, al mismo tiempo que demandamos a los más jóvenes incorporar idiomas que no escuchan de manera natural en su día a día. Las redes sociales virtuales suplantan el contacto real, alejando a nuestros sensores naturales de los estímulos que siempre hemos usado para vincularnos los unos con los otros. Las vías del refuerzo y la motivación se acoplan peligrosamente con las últimas tendencias, tan volubles y demandantes de un botón que certifique la aceptación por los demás. Todo parece una amenaza con la que tenemos que lidiar, una nueva presión evolutiva.

Cada vez que ha visto amenazada su supervivencia, el ser humano ha demostrado tener capacidades suficientes para adaptarse. El problema de estos tiempos no es que la ciencia nos desborde con sus inventos, sino que el margen que tenemos para aceptarlos se reduce cada vez más. El futuro es desafiante porque es irreversible, pues avanza como un rayo mientras estrecha su cerco sobre nuestra maquinaria biológica. El reto de estos tiempos solo es asumible desde el conocimiento del cerebro y de su alter ego hibridado con los dispositivos digitales.

En esta parte acelerada de la frenética curva tecnológica que se avecina, no hay tiempo para los genes y las respuestas adaptativas naturales. La nueva era que se abre es necesariamente la del mutualismo entre el ser humano y la máquina. Evolucionando juntos, podremos hacer no solo que la tecnología se adapte a nuestras necesidades, sino que nuestras capacidades se expandan de una manera sostenible con nuestra propia naturaleza humana. No se trata solo de imaginar un futuro de ciborgs y seres biónicos acoplados a brazos protésicos o de artistas que buscan inspiración en un sexto sensor, sino del día a día de cualquiera de nosotros acoplados a aparatos que expandan nuestras habilidades actuales en una red infinita de conexiones, de cosas y objetos, de edificios y parques, de emociones y personas que lo cubra todo. Un ensamble extendido que nos abrace, como la inmensa red neural de Pandora.

LOS NUEVOS ESPACIOS: REALIDAD VIRTUAL Y AUMENTADA

La realidad virtual constituye una nueva y poderosa herramienta de interacción con los ordenadores y dispositivos. Actualmente, estas aplicaciones invaden áreas como el entretenimiento, la educación y la ingeniería. La realidad virtual crea un entorno que se puede clasificar según el grado de inmersión que experimentamos. En los casos más realistas, la percepción cerebral nos proyecta en un mundo ficticio integrado en nuestro mapa mental, sobre todo cuando se acompaña de elementos de retroalimentación sensorial como sonidos o sacudidas que completan la experiencia. La sensación de presencia que se genera en estos entornos se basa en los mismos circuitos neuronales que se activan durante la exploración del espacio físico.

El cerebro conectado al mundo virtual se pone a nuestro servicio igual que en el mundo físico. La veracidad de lo que adquiere es irrelevante. El cerebro integra y procesa las señales externas para informar y ejecutar nuestras decisiones. Esta interacción se cierra mediante la correspondencia entre lo que percibimos y lo que hacemos.

Un ejemplo de esta indiferencia del cerebro por la autenticidad de la representación se ha podido estudiar en los pacientes implantados con electrodos como parte de la monitorización previa al tratamiento quirúrgico de la epilepsia. En ellos, utilizando programas de navegación virtual, se han identificado los mismos tipos de señalización espacial descritos en los roedores. Cuando recorremos un pueblo simulado repartiendo artículos a tiendas virtuales, se registran en nuestro hipocampo células de lugar y retícula similares a las activadas en el espacio físico. Para nuestra mente lo importante es la función a desarrollar, no la naturaleza de los estímulos.

Se puede comprobar la efectividad funcional del sistema de posicionamiento neuronal contrastando la señalización de las células de lugar al rotar de manera relativa los sistemas real y virtual, un experimento que ha sido realizado en roedores. Cuando la realidad es razonablemente inmersiva, el hipocampo señaliza correctamente las posiciones virtuales, mostrando campos de lugar perfectamente anclados a la falsa puesta en escena. En cambio, cuando se proyecta la actividad de estas mismas células contra la habitación en la que tiene lugar la experiencia, se pierden todas las relaciones (fig. 1). El cerebro está metido en otro mundo.

El sistema neuronal de posicionamiento espacial podría ser capaz incluso de seguir dos marcos de referencia independientes cuando estos no entran en contradicción. Si antes de entrar en el mundo virtual establecemos pistas de ubicación en la habitación, nuestro GPS alineará la experiencia virtual al mundo físico a fin de mantenernos localizados en ambos marcos referenciales. Con la práctica, desarrollaremos suficiente representación del espacio real y virtual, así como de la correspondencia entre ambos. Algunas células del hipocampo mostrarán campos espaciales en los dos contextos, mientras que otras estarán supeditadas a solo uno de ellos.

Si a lo largo de la sesión el mundo virtual comienza a desviarse sutilmente del real mediante rotaciones o traslaciones, la señal de posicionamiento quedará desacoplada. Al volver a la realidad, percibiremos un conflicto entre lo que esperá-

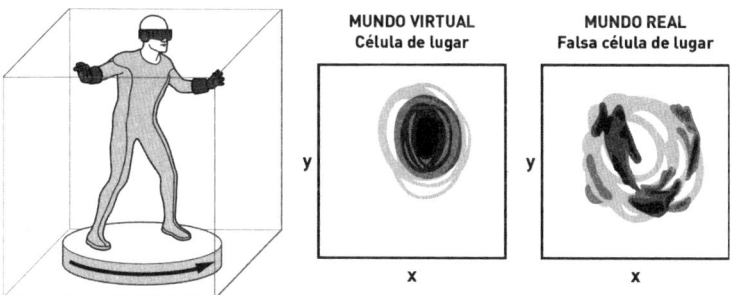

Figura 1. Relación entre la tasa de actividad de una célula de lugar y el espacio cuando una plataforma gira arbitrariamente para desacoplar los entornos virtual y real. La actividad muestra un campo espacial solo cuando es proyectada en el mundo virtual, pero no en el real.

bamos encontrar y lo que realmente vemos. Los gerbos del experimento de Horst Mittelstaedt explicado anteriormente tuvieron una experiencia similar cuando el investigador rotó la plataforma circular. De vuelta a su guarida, con sus cachorros entre los dientes, los animales se encontraron con el error. Su cerebro hizo bien el trabajo; el mundo estaba trucado.

La otra cara de estos trucos se muestra cuando el sistema virtual explota las representaciones mentales predeterminadas. Por ejemplo, la presencia de paredes con aspecto infranqueable tiene un efecto clarísimo sobre la definición de bordes, incluso aunque aquellas puedan ser virtualmente traspasadas. Es suficiente con que el cerebro las interprete como límites físicos potenciales para que el mapa mental se ancle a ellas. Al fin y al cabo, nuestra capacidad de orientación se construye en el mundo real, así que si creemos ver un borde, lo procesaremos como tal.

Sin embargo, a pesar de las similitudes entre lo virtual y lo existente, la representación neuronal en ambos ámbitos no llega a ser del todo equivalente. No se trata de si percibimos mejor o peor una bola flotante o un cuadro, sino que la especialización funcional de la actividad neuronal en el mundo simulado nunca llega a mostrar la fineza descrita para el mundo real. Por ejemplo, una parte fundamental de nuestro sistema de posicionamiento neuronal está constituida por las señales de dirección y velocidad, íntimamente relacionadas con el movimiento físico de nuestro cuerpo. Aunque no nos demos cuenta, existe mucha información sobre cómo nos movemos y la forma en la que interaccionamos con los límites del espacio. Nuestro cerebro puede detectar las más pequeñas discordancias; así, se ha visto que el mapa mental se desestabiliza sin la armonía entre todas estas pistas. Por ello, si la realidad no es suficientemente inmersiva como para que el cuerpo actúe de una forma natural, el cerebro será consciente de las diferencias.

Es posible que en el futuro los sistemas de realidad virtual alcancen un mimetismo absoluto con el mundo y con nosotros, de modo que se reduzca la disonancia entre esas dos representaciones mentales. Empresas neurotecnológicas emergentes apuntan hacia una interacción natural con el cerebro, una especie de fusión total que se expanda sobre todos los sistemas sensoriales. Seguramente, y a pesar de tal nivel de neurorrealismo, siempre seremos conscientes de los matices. Después de todo, tenemos el separador de patrones más perfecto del universo conocido, escondido en las redes neuronales de nuestro hipocampo. Nuestra sensibilidad contextual será la cara y la cruz de las nuevas tecnologías.

En cualquier caso, no parece que la realidad virtual vaya a suplantar lo obvio, ni se busca construir mundos ficticios que nos saquen del mundo real, sino hacer que nuestras experiencias sean lo más intuitivas y naturales posibles. La realidad virtual será más bien un espacio del que entrar y salir, una herramienta de trabajo, entrenamiento y educación que tendremos que aprender a utilizar mientras seguimos con un pie en el suelo que se extiende bajo nuestros pies.

El espacio aumentado

En un punto intermedio de este futuro apabullante se sitúa la realidad aumentada. Aquí no se trata de sumergirnos en el mundo digital, sino de extender la realidad que vemos hacia un espacio incompatible con las leyes que rigen el mundo físico. Con la realidad aumentada, los dispositivos nos devuelven un espacio multidimensional y enriquecido. Estos elementos adicionales son percibidos de manera parecida a los reales, pero la experiencia puede ser desconcertante. Si se nos muestra una bola de algodón esponjosa que levita ante nosotros, esperamos sentir esa textura cuando acercamos la mano. Si caminamos por un bosque oscuro y de pronto un agujero espacial se abalanza deformándolo, nos sobrevendrá el vértigo. La bola flotante y el agujero negro no solo desafían las leyes naturales, sino los esquemas mentales que hemos construido; de ahí la sorpresa. Ambas percepciones, al entrar en conflicto con nuestras expectativas, activarán una señal natural de respuesta.

La realidad aumentada invadirá rápidamente aquellos ámbitos profesionales donde el acceso a microespacios o a sitios remotos e intrincados constituya una limitación. Entre las áreas que más se pueden beneficiar de ella figuran la medicina, la microingeniería y la navegación. Por ejemplo, ya se comienzan a implantar estrategias de enriquecimiento en la cirugía guiada por imágenes para favorecer la integración de la información y mejorar la precisión. En otros casos, el sistema puede ayudarnos a conducir máquinas o simplemente a caminar por espacios desconocidos en los que se muestran puntos virtuales de interés superpuestos al mundo real. Las personas que utilicen estas tecnologías deberán desarrollar habilidades extendidas para aprender a navegar en estas circunstancias.

Al contrario de la realidad virtual, en la que se persigue sumergir completamente la mente en una escena artificial, la realidad aumentada busca integrarse en el mundo físico. En este tipo de proyecciones, los objetos y los elementos aparecen superpuestos sobre nuestra percepción, acaparando atención y deformando la representación mental. En la realidad virtual, la simulación no compite con el mundo real, del que somos aislados. En la aumentada, ambas realidades se disputan entre sí nuestros sensores, pero el cerebro no puede atender a dos cosas a la vez eficientemente.

Solo podemos ejecutar múltiples tareas si las ponemos en planos distintos de la consciencia, después de automatizar una parte de las demandas. El cerebro de un pianista, por ejemplo, se ha esculpido a base de horas de ejercicio en las que los circuitos neuronales responsables de la representación sonora y visual han interactuado con el sistema motor para generar un mapa funcional suficientemente detallado. Un músico experimentado podrá tocar mientras habla, o detectar el tono por encima o por debajo de otro miembro de la orquesta mientras está ensimismado en su propia ejecución. Su cerebro ha mecanizado parte de las tareas, mientras desvía el foco hacia lo nuevo que acontece. En este punto resulta fundamental la existencia de redes atencionales independientes, como la visual y la auditiva, lo que permite simultanear estos canales de entrada. Podemos conducir y escuchar la radio sin interferencias. Estos mismos recursos son los que nos permitirán integrarnos en un mundo ampliado artificialmente.

Sin embargo, la fuerte demanda de atención que exige la realidad aumentada interferirá sin duda con nuestras capacidades al situar en el campo sensorial elementos nuevos que codificar. Las versiones más avanzadas buscan usar la información de nuestros dispositivos móviles, como teléfonos o relojes, para etiquetar el espacio con señales sonoras, visuales, olores u otro tipo de experiencias. Se trata de una especie de doble integración de ruta que enriquece la experiencia, pero al mismo tiempo la hace más demandante desde el punto de vista cognitivo. Así, estos nuevos mundos enriquecidos deformarán necesariamente la manera en la que percibimos. Es evidente que tal colección de interferencias resultará nueva para un cerebro que jamás se ha enfrentado a la gestión de un *sensorium* tan desmesurado. Nuestro sistema de navegación necesitará asumir el reto de esta representación múltiple.

Es posible que la habilidad para gestionar lo virtual y lo ampliado dentro del mundo real pueda modularse desde las etapas iniciales de la vida, facilitando su hibridación. La nueva generación que crezca rodeada de diferentes entornos, dispondrá de capacidades cognitivas añadidas. Igual que aprendemos a explorar la realidad, aprenderemos a integrarnos con lo virtual de un modo inconsciente, explotando los mismos mecanismos cerebrales que nos sitúan en el espacio y el tiempo físico. El uso de herramientas educativas facilitará estas representaciones y ayudará al cerebro a crear esquemas que nos enseñen desde niños a habitar ambos mundos, a seleccionar e integrar diferentes planos de la realidad. Esto supondrá necesariamente una presión sobre nuestro sistema nervioso. De algún modo, la tecnología retará al cerebro a adaptarse y exigirá nuevas capacidades de abstracción.

La integración de técnicas de realidad aumentada en automóviles, aviones o trenes puede hacerse realidad muy pronto. Algunas técnicas ya permiten desarrollar pantallas transparentes curvas sobre las que se podrá superponer información relevante para la navegación transformando los parabrisas de los vehículos en sistemas inteligentes. La utilización de etiquetas de orientación y dirección, así como la posibilidad de conocer en tiempo real datos públicos de otros usuarios, aportará seguridad añadida a la circulación. Esta información llega a nuestro cerebro siguiendo su vía natural hasta la corteza visual primaria (v1) y secundaria (v2 y v3), y desde allí alcanza el hipocampo, a través de la corteza entorrinal. Al superponer esta información a la representación del espacio físico, el hipocampo creará mapas etiquetados que podrá memorizar fácilmente. La capacidad de navegar se apoya en una red distribuida por otras regiones cerebrales, en las que la corteza frontal juega un papel crítico para mantener el objetivo focalizado mediante el control de la actividad neuronal.

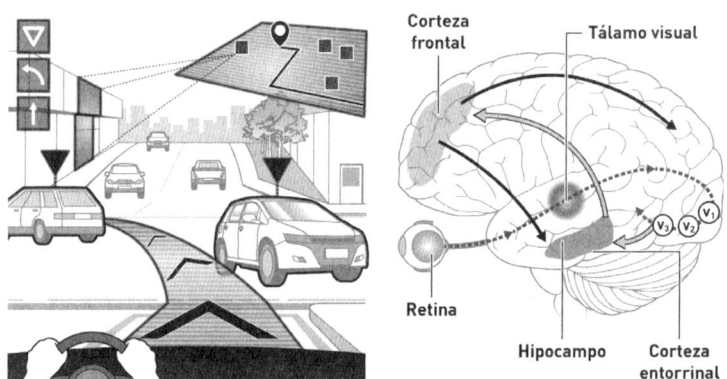

A la izquierda, parabrisas inteligentes, con información etiquetando el espacio físico. A la derecha, recorrido de la información visual desde la retina hasta el hipocampo y de allí a la corteza frontal (flechas grises), así como el del control desde la corteza frontal hacia abajo (flechas negras).

El espacio abstracto

¿Cómo afectarán las nuevas tecnologías a nuestra capacidad de representación? El papel del hipocampo como integrador de estímulos y generador de secuencias se construye a partir de la información sensorial que recibimos en interacción con la dinámica interna de los circuitos neuronales. La percepción de los cinco sentidos naturales se ha afinado convenientemente para ayudarnos a navegar por el mundo, y usamos esa información para representarlo. El uso de instrumentos y el establecimiento de asociaciones funcionales adicionales ya de por sí expanden el mapa cerebral.

Los estudios de neuroimagen han indicado que, en los tenistas, acostumbrados a anticipar movimientos y a integrar intuitivamente una gran cantidad de información, existe una mayor activación de las áreas involucradas en el control motor y en la percepción de lugares y caminos visuales como el hipocampo o la corteza entorrinal. ¿Por qué no habrían de hacer lo mismo los sistemas virtuales?

Las nuevas tecnologías supondrán una expansión sin precedentes del espacio sensorial, no ya por la creación de nuevos canales de entrada, sino por la habilidad de transformar los existentes. En el futuro, la raqueta de tenis podrá incorporar todo tipo de sensores que generen información adicional, mientras que unas gafas especiales serán capaces de captar imágenes del jugador contrario y enfocarse en función de la mirada, respondiendo a códigos de comunicación implícitos como pestañeos o gruñidos. El acceso a estos datos en tiempo real podría ser transformado en nuevas combinaciones de estímulos que los tenistas del mañana tendrán que aprender a integrar con sus propias percepciones.

Cuando un algoritmo convierta las imágenes de la cámara o la velocidad de la raqueta en un paisaje de sonidos, la información podrá ser integrada e interpretada de otro modo. Por ejemplo, el saque plano del contrincante podría ser asociado a tonos graves, la velocidad de la bola y la dirección de la mano tendrán otros sonidos representativos, de modo que el recorrido visual será escuchado, en una suerte de sinestesia virtual. Si esta información se instrumentaliza dotándole de un valor operacional, el cerebro la integrará para navegar en el nuevo espacio. Ante estos retos de localización extendida, el hipocampo generará secuencias neuronales, identificará lugares o bordes y ejecutará la integración de ruta para indicar nuevos atajos abstractos, que conectarán estímulos y significado. Puesto que los nuevos estímulos reflejan una transformación artificial de imágenes y sonidos que nunca han sido mezclados en la naturaleza, el mapa cognitivo será el resultado de una interpretación aún más abstracta de la realidad (fig. 2).

¿Cómo representa nuestro cerebro esta abstracción? Los *qualia* son las cualidades personales de las percepciones, aquello que caracteriza a una sensación de la manera más abstracta posible. No pueden ser transferidos de una persona a otra, ya que son construcciones íntimas. Son la forma de lo subjetivo, una expresión de la abstracción consciente: lo doloroso del dolor, lo azulado del cielo azul o lo verde de las palabras.

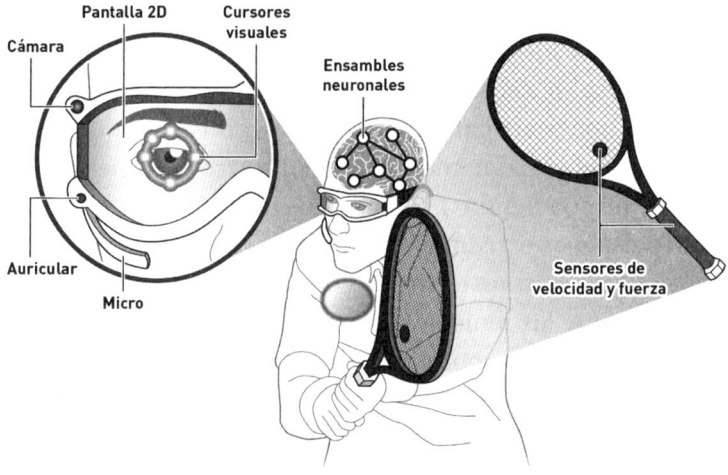

Figura 2: La realidad aumentada transformará el espacio sensorial y cambiará la forma de las percepciones, fabricando un mapa mental en el que las asociaciones artificiales entre estímulos quedarán vinculadas con las sensaciones naturales, como podría ser el caso del tenis del futuro.

Para el neurocientífico de origen colombiano Rodolfo Llinás, los *qualia* son patrones, secuencias, esquemas, que se han elaborado a partir de las percepciones elementales y de los procesos más básicos de computación neuronal. Si los futuros sistemas virtuales construyen un mundo nuevo en el que un pestañeo ajuste la vista o agudice el oído, en el que un color asignado sobre el campo visual se transforme en un paisaje de sonidos y la velocidad de respuesta de nuestro brazo se integre con la música, nuestro nivel de abstracción se verá multiplicado de una manera impredecible. La relación íntima entre objetos, efectos y sensaciones será necesariamente personal, adquiriendo un nivel abstracto de representación mental. Algunas de las nuevas percepciones serán *qualia* en toda su dimensión, y dado que estas conceptualizaciones implican necesariamente la formación de una construcción mental, el hipocampo jugará un papel clave a la hora de asociarlas.

Hasta ahora, en las neurociencias se han utilizado estímulos naturales para explorar el cerebro y buscar los mecanismos de sus respuestas a la luz, los sonidos o los olores. La irrupción de la realidad mixta acoplada con la inteligencia artificial supone una coyuntura única para investigar nuestro órgano más complejo y entender mejor cómo se procesan las experiencias subjetivas en los nuevos espacios cuando el estímulo es una abstracción.

Actualmente se pueden acoplar los impulsos de las células de lugar del hipocampo con respuestas de diferente valencia en la amígdala cerebral utilizando técnicas optogenéticas en ratones. Los roedores aprenden a asociar una localización con una experiencia agradable o desagradable creada artificialmente, en una especie de condicionamiento pavloviano clásico, similar a como un perro asocia comida y sonido. El resultado de la asociación virtual no será necesariamente algo tangible, sino una experiencia o una sensación indefinible en términos físicos: hay algo agradable o desagradable allí.

Para poder ahondar en el carácter de la representación más abstracta necesitamos escuchar la voz de quien lo siente, algo que solo puede ser estudiado en humanos de una manera científicamente contrastada. Se abre así una oportunidad para llegar a entender la consciencia mediante el método científico. La neurociencia humana se verá abocada a explicar estas nuevas representaciones sensoriales y a entender cómo y cuánto se desvían de las naturales.

En un diseño así, el sujeto bajo estudio somos nosotros mismos, operando no ya como observadores sino como parte activa de la representación. Esto planteará un desafío para el paradigma clásico de la relación entre sujeto y objeto. Nuestro sexto sentido será una abstracción que tal vez nos permita revolucionar la comprensión de cómo funciona el cerebro y abordar su problema más difícil, explicar el estado interno, la consciencia; explicar los *qualia*.

CONTROLANDO EL CEREBRO EN ACCIÓN

En el budismo y otras culturas ancestrales, la conexión entre cuerpo y mente se ejecuta desde el control de los estados mentales. Ante una situación de ansiedad o estrés, podemos focalizarnos en escenarios más placenteros y desviar nuestra atención de aquello que nos agobia. También usamos la respiración para modular nuestro estado interno, mientras cerramos los ojos favoreciendo la proyección mental hacia lugares más tranquilos y seguros. En todos los casos, la visualización abstracta es clave para conseguir nuestro propósito. Si queremos estar allí, nuestro cerebro debe verse allí.

Una versión tecnológica de estas introspecciones es el neurofeedback, una técnica de retroalimentación aún en fase experimental que nos permite autorregular la función cerebral. La clave del neurofeedback es usar la propia actividad que queremos dominar como modelo. Para ello, se registran las señales electroencefalográficas sobre el cráneo y se identifican las características de los ritmos que se desean cambiar, transformándolos en algún tipo de imagen (fig. 3).

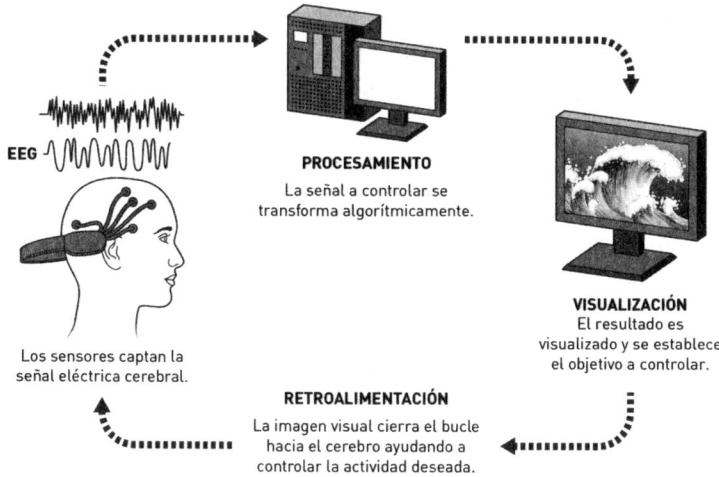

EEG

PROCESAMIENTO
La señal a controlar se
transforma algorítmicamente.

VISUALIZACIÓN
El resultado es
visualizado y se establece
el objetivo a controlar.

Los sensores captan la
señal eléctrica cerebral.

RETROALIMENTACIÓN
La imagen visual cierra el bucle
hacia el cerebro ayudando a
controlar la actividad deseada.

Figura 3. Técnicas de neurofeedback para autorregular la actividad neuronal. La señal electroencefalográfica (EEG) se transforma computacionalmente en una imagen (una ola), cuyo tamaño depende de algún parámetro de la actividad a controlar. Al visualizar la actividad cerebral en forma de imagen podemos aprender a controlarla.

Por ejemplo, las ondas beta en el rango de los doce a treinta ciclos por segundo relacionadas con la coordinación sensorial y motora durante la ejecución de un videojuego pueden ser visualizadas como una ola encrespada. Cuanto más alto sea el ritmo beta, mayor será la altura de la ola. Cuando aprendemos a reducir la amplitud de alguno de nuestros ritmos, mirándolos directamente a través de una imagen y acoplando su efecto con nuestra actividad motora, forzamos la reorganización de redes funcionales entre las diferentes regiones implicadas y controlamos la información que fluye por estos circuitos. Esta es la base del control mental.

Aunque actualmente el neurofeedback se ejecuta esencialmente explotando la visión como elemento de retroalimentación, es presumible que pronto puedan utilizarse otras modalidades sensoriales, sus combinaciones o las transformaciones sinestésicas previamente mencionadas para aprovechar los canales simultáneos de nuestras redes atencionales naturales.

El control de la función cerebral mediante la modulación de los ritmos es una práctica clínica emergente, pero el futuro nos ofrecerá la posibilidad de aprovechar este potencial no solo para tratar enfermedades neurológicas, sino para influir en nuestro estado interno o interactuar con elementos externos mediante imágenes mentales. Estas imágenes serán el reflejo de los espacios abstractos por los que nuestra mente pretende navegar haciendo más natural y efectivo su control.

El paradigma actual de las interfaces cerebro-máquina aún no explota del todo las vías naturales que median los actos voluntarios y sobre las que debemos seguir investigando. Sin embargo, los movimientos reales o imaginados, las imágenes cognitivas abstractas y los cambios de atención tienen un efecto contrastado en el control consciente de la actividad neuronal.

El neurofeedback funciona porque ejerce una especie de condicionamiento operante, mostrándonos de manera directa los resultados positivos de nuestras acciones y reforzando la interacción entre los circuitos implicados. De algún modo necesitamos ver, oír, sentir aquello que queremos cambiar en tiempo real. Necesitamos tener acceso a un registro fiable de la actividad cerebral.

Leyendo la actividad neuronal

La actividad neuronal puede ser registrada con diferentes técnicas, que en todos los casos buscan cuantificar las variaciones que tienen lugar durante las operaciones mentales. El entramado de oscilaciones que produce nuestro cerebro abarca un espectro dilatado de frecuencias, desde las más lentas hasta las más rápidas, como los cientos de ciclos empaquetados en un segundo que acompañan a los ritmos rápidos de la consolidación. Si observásemos la actividad cerebral en acción, veríamos hasta qué punto nuestra mente se parece a un tsunami de ondas eléctricas. Estas fluctuaciones reflejan la interacción entre los circuitos que conectan los distintos territorios neuronales durante la ejecución de tareas específicas.

Cuando recorremos el espacio, catalogamos de manera inconsciente los matices sensoriales que lo componen e integramos esa representación a lo largo de los ritmos, construyendo secuencias y ensambles neuronales independientes entre sí, como ejes ortogonales en un hiperespacio abstracto. En cambio, otras secuencias comparten información, reflejando elementos comunes de todos esos estímulos. La interacción multidimensional de todos estos ensambles organiza nuestra capacidad de representación en estructuras del espacio-tiempo mental. Estas estructuras, como anillos o bucles, constituyen la forma del mapa cognitivo, y del estudio de su geometría y capacidad de transformación se pueden inferir operaciones matemáticas que permiten «leer» o descodificar la representación mental.

Utilizar la propia actividad cerebral para inferir las estructuras geométricas del mapa cognitivo y modularlo permitirá cerrar el anhelado bucle de la causalidad entre lo que pensamos y lo que hacemos. Cuanto más fiable sea la interpretación de la actividad neuronal mejor será el control.

Utilizando técnicas de imagen funcional como la resonancia magnética de alta resolución, se ha podido capturar la actividad de zonas del cerebro en unidades de volumen de unos pocos milímetros cúbicos, conocidos como vóxeles. Según su ubicación, cada vóxel refleja la actividad media de cientos de miles de neuronas de una región dada. Los nuevos métodos que explotan el análisis de estos vóxeles en mapas de actividad se han mostrado eficientes no solo a la hora de reconstruir los contenidos reales de la percepción, sino de predecir el estado o la intencionalidad.

Por ejemplo, utilizando señales capturadas en la corteza visual se ha podido reconstruir con éxito las imágenes de bordes o de elementos compuestos que el sujeto estaba visualizando (fig. 4). A un nivel más abstracto, utilizando ejercicios de navegación virtual interactiva, Hassabis y Maguire han conseguido predecir con precisión la posición del sujeto dentro del mundo virtual a partir de los patrones de actividad en vóxeles detectados por todo el hipocampo. En estos casos, la interpretación de la actividad es posible porque tenemos modelos en los que basarnos: la imagen original en un caso y el sistema de posicionamiento espacial en el otro.

Leer pensamientos o representaciones abstractas queda fuera del alcance de estas técnicas si no se cuenta con un patrón contra el que compararlos. En un plano todavía más general, otros grupos de investigadores han sido capaces de descodificar la intencionalidad en la toma de decisiones durante experimentos en los que se les pedía a los participantes que eligieran entre un espacio de opciones dado. Estos ejercicios de descodificación de la actividad cerebral sirven a su vez para probar la robustez de las teorías científicas sobre la representación cognitiva.

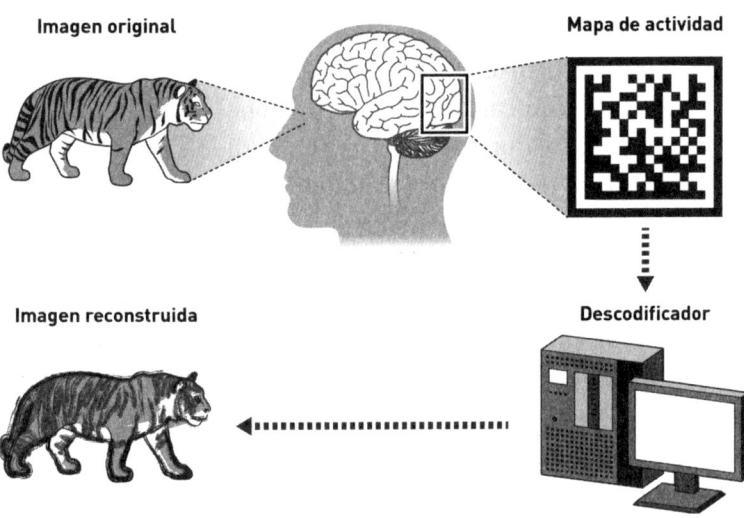

Figura 4. Descodificación de la actividad cerebral para traducir e interpretar las representaciones mentales de las percepciones. Utilizando señales de resonancia magnética funcional se obtienen mapas de actividad de la corteza visual que son procesados para inferir la imagen que el sujeto está visualizando.

Sin embargo, las nuevas tecnologías de traducción de los mapas de actividad cerebral chocan con la imposibilidad actual de miniaturizar los sofisticados sistemas de registro, y muchos grupos de investigación y empresas están tratando de encontrar nuevos métodos de imagen funcional. Las tendencias más innovadoras apuntan al desarrollo de microcámaras y nuevos materiales que permitan utilizar la luz del espectro visible para registrar la actividad eléctrica de neuronas individuales, utilizando sensores genéticamente modificados que son incorporados a la maquinaria de expresión proteica de las células de interés. La visualización simultánea de la actividad de cientos de neuronas en una región dada o incluso a lo largo de todo el cerebro nos permitirá descodificar dinámicamente diferentes representaciones neuronales con mayor fiabilidad.

Controlando objetos

Aprovechando las nuevas tecnologías de registro, muy pronto la conexión de objetos y cerebros puede dar un salto singular. Si miramos una taza fijamente y no se mueve, no es porque nuestra mente no pueda implementar ciertos cambios en la actividad de algunas de sus neuronas, sino porque la actividad de estas neuronas simplemente no está conectada al objeto en sí. La naturaleza no estableció estos vínculos y, por lo tanto, no hemos desarrollado tales habilidades. Pero si un algoritmo inteligente realiza esa función, nuestro cerebro percibirá su poder extendido y aprenderá a hacer levitar objetos de un modo incluso automático, igual que levantamos nuestro brazo.

Cuando movemos la cabeza con un visor de realidad virtual en nuestros ojos y aprendemos a desplazar el cursor por el espacio simulado, estamos navegando de la misma manera que lo hacemos por el espacio físico. Hoy se puede aprender a desplazar un brazo mecánico simplemente acoplando gestos y efectos mediante un algoritmo de retroalimentación en bucle. Esta es la técnica que explotan las más avanzadas interfaces destinadas a personas con discapacidades motoras. Evidentemente, no hay nada biológico en esta conexión entre mente y materia más allá del acople digital. Es como si todo fuera falso, aunque sea percibido como real.

NUEVAS TÉCNICAS DE REGISTRO NEURONAL

Inferir las secuencias asociadas con el procesamiento neuronal es una tarea difícil. Tradicionalmente, se ha usado el registro encefalográfico de los ritmos para este propósito, pero estos constituyen los pasos de la integración neuronal por lo que reflejan una señal promediada, y resulta más difícil extraer de ellos una información precisa. En comparación con los ritmos, las tasas de actividad de las neuronas individuales pueden aportar información directa de las secuencias que forman los mapas mentales. El futuro del registro de la actividad neuronal pasa por el desarrollo de nuevas herramientas con acceso a la mayor cantidad posible de neuronas individuales. Entre estas nuevas técnicas destaca el uso de sondas y sensores genéticamente diseñados para medir, mediante imagen multicelular, parámetros como el voltaje eléctrico de las neuronas o la concentración intracelular de iones como el calcio.

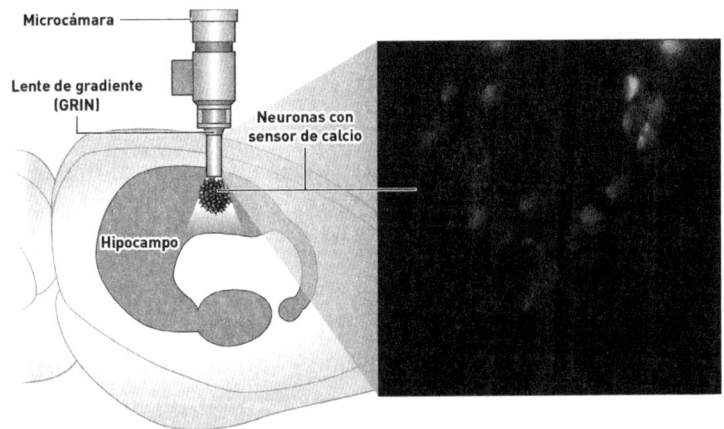

Nuevos sistemas de imagen microscópica destinados a registrar señales de múltiples neuronas simultáneamente. Se registra la imagen de neuronas del hipocampo expresando sensores fluorescentes de calcio, conocidos como GCaMP, que permiten evaluar la actividad de los ensambles en tiempo real.

Mientras el internet de las cosas opera vinculando elementos cotidianos para facilitar su gestión centralizada, la interacción digital con dispositivos nos permitirá controlarlos con nuestra propia mente. En este tipo de interacciones nos aprovecharemos de nuestra gigantesca capacidad representacional. Numerosas iniciativas buscan acelerar la convergencia entre humanos y máquinas de una manera intuitiva. Con la vista puesta en el horizonte, no parece lejano el día en el que las interfaces queden personalizadas después de un proceso de entrenamiento mutuo en el que enseñemos a nuestro cerebro a controlarlas del mismo modo que hacemos con nuestros efectores naturales.

Los próximos años verán el crecimiento de nuevas tecnologías de registro y su hibridación con algoritmos de inteligencia artificial aplicados al control de dispositivos externos. En el Media Lab del Instituto de Tecnología de Massachusetts (MIT), uno de los lugares donde se cocina el futuro tecnológico del planeta, ya se están diseñando nuevos terminales capaces de descodificar las señales eléctricas cerebrales o neuromusculares para comunicarse mediante sistemas inteligentes con una red ampliada de cosas que podremos controlar a voluntad.

Neurocientíficos y filósofos se han preguntado muchas veces si tenemos el control de nuestras acciones. ¿Seremos capaces de controlar objetos y dispositivos de la misma manera que controlamos nuestros actos? Cuando el psicólogo estadounidense Benjamin Libet observó el potencial preparatorio en la corteza motora de sujetos que movían su muñeca aleatoriamente, se sorprendió al descubrir que la decisión consciente del movimiento era posterior a la señal eléctrica cerebral que lo iniciaba. Esto llevó a muchos a cuestionarse hasta qué punto sabemos lo que hacemos, un debate que en realidad tiende a ignorar el hecho de que la toma de decisiones, desde el punto de vista neuronal, sigue una función de probabilidad que pondera los beneficios y costes de las acciones. Durante los cientos de milisegundos que preceden a la tendencia a pulsar un botón, nuestro cerebro pone en marcha mecanismos tanto de acción como de control. La pregunta que las nuevas técnicas nos ayudarán a responder es dónde están sus límites.

EL FUTURO DEL TIEMPO MENTAL

Casi todo lo que asoma en el futuro parece destinado a alterar el espacio, deformándolo y ampliándolo desde la virtualidad. Pero ¿podremos manipular el tiempo? No tenemos receptores para el tiempo. Este es simplemente una construcción, el resultado de integrar los estímulos dentro de un flujo de actividad eléctrica. Nuestro sentido del tiempo es fundamentalmente relativo, una unidad perceptiva, voluble y maleable. A veces, lo percibimos largo y eterno; otras veces, pasa tan rápido que nos sorprende. Pero, sobre todo, el tiempo es memoria en nuestra mente, relaciones entre las diferentes representaciones de las experiencias.

Conservar la memoria es posiblemente nuestra preocupación más grande. Una solución obvia fue externalizarla, y la tecnología más primitiva que usamos para este fin fue la escritura. Al introducir símbolos vinculados con nuestra representación mental, pudimos compartir nuestro mundo interno prolongando esa interacción en el tiempo y el espacio. Escribimos libros, hacemos fotografías o dejamos notas para nosotros mismos y los demás. La cultura es una gran construcción de la memoria colectiva. Hemos aprendido a darle valor y por eso levantamos museos, guardamos cuadros y atesoramos historias. En este escenario, el conocimiento se distribuye entre todos, de modo que las sociedades humanas y los medios que estas generan acumulan más conocimientos que los individuos.

El psicólogo social estadounidense Daniel Wegner propuso la idea de un sistema de memoria transactiva a través del cual los grupos humanos codifican colectivamente el saber acumulado. Parecería que con los nuevos recursos de las tecnologías de la información nuestra memoria estaría a salvo. Pero sorprendentemente, todos nos olvidamos de lo mismo, de la fragilidad intrínseca de cualquier sistema de memoria: la interferencia.

La memoria hecha de tiempo es frágil por definición, ya que está permanentemente sujeta al sesgo, el olvido y la reinterpretación. Cuando adquirimos conocimientos, necesitamos incorporarlos a una estructura mental en la que siempre resulta más fácil acomodar lo conocido. Esa preferencia por los esquemas preexistentes determina la forma de los recuerdos.

Una vez incorporados, nuestro cerebro edita sus memorias durante la consolidación poniéndolas en relación con otras circunstancias vividas y deforma las representaciones ya construidas. Algunos recuerdos son más flexibles que otros. Aquellos que identifican los conceptos, los objetos, las cosas, sin tener en cuenta su origen, son estables. En cambio, casi todo lo que tiene que ver con el contexto espacio-temporal en el que ocurren las vivencias lleva implícita una subjetividad.

La información presentada alrededor de un evento, incluso mucho después de haber construido los recuerdos, nos puede llevar a alterar aquello que creemos, como le sucediera a Oliver Sacks con algunos de sus recuerdos de infancia. En un mundo acelerado, con acceso inmediato a la información, sin tiempo para contrastar la verdad, es posible que acabemos alterando nuestras propias opiniones y percepciones. Estamos limitados por el diseño de nuestras redes neuronales. Ser conscientes de ello nos hará estar mejor preparados.

La era digital nos ha traído recursos ilimitados para acceder al conocimiento y expandir nuestro espacio de memoria. Con tal grado de externalización, la memoria corre el riesgo de diluirse. Al aligerar la demanda cognitiva de nuestro cerebro, generamos espacio mental para otras funciones y nos acomodamos a unos requerimientos diferentes. ¿Cuántos de nosotros seguimos recordando números de teléfonos fijos, pero ignoramos los móviles del día a día? ¿Cuántas cosas que antes solíamos atesorar en una cultura vastísima esculpida a base de horas de biblioteca ahora descansan en las búsquedas informáticas?

La descomunal expansión de nuestra red memorística digital está transformando nuestros cerebros. Estudios recientes demuestran cómo la accesibilidad a internet reduce nuestra capacidad de recordar al mismo tiempo que aumenta nuestra habilidad para localizar respuestas. En uno de los desarrollos más futuristas del momento, los investigadores del MIT trabajan para acoplar las señales neuromusculares de la mandíbula y la cara activadas por verbalizaciones internas con motores inteligentes de búsqueda que podrán transmitir el resultado hacia nuestro oído mediante auriculares de conducción ósea. Estos sistemas de computación silenciosa nos van a permitir buscar directamente la información dentro del espacio digital utilizando estrategias de navegación similares a las que utilizamos en el espacio físico, una especie de navegación por la red más digital y abstracta del mundo utilizando nuestros propios pensamientos.

MUTUALISMO SER HUMANO-MÁQUINA

El futuro que se avecina nos dibuja un escenario nuevo en el que cada vez seremos más responsables de nuestros actos. No se trata ya solo de lo que hacemos con nuestro cuerpo, sino de cómo controlamos el nuevo espacio expandido de nuestras acciones. Casi todo lo que hemos creado ha sido inspirado por la naturaleza, el más inteligente de todos los sistemas complejos. No sabemos si la evolución que se inició en este planeta azul nos hizo únicos en el universo, pero parece que solo con lo que hemos adquirido de manera natural no vamos a conseguir salvarnos. Nuestro próximo invento busca sus fuentes de inspiración en lo más profundo de nosotros mismos, entre los circuitos de billones de neuronas conectadas entre sí, para crear redes digitales que expandan nuestras capacidades.

Si miramos atrás veremos cómo las leyes naturales de la selección no pueden ayudarnos a gestionar este frenético cambio tecnológico. Solo podremos hacerlo viable si lo entendemos como una oportunidad para coexistir. El cerebro debe adaptarse a las nuevas herramientas y estas deben ser creadas de una manera sostenible con nuestra propia naturaleza. De todas las cosas que inventamos, esta será probablemente la que más se nos parezca.

El cerebro tiene una notable capacidad de adaptación. Después de una lesión es capaz de restaurar parcial o totalmente las funciones comprometidas mediante mecanismos compensatorios. Cuando tapamos el ojo de un niño durante un tiempo, lo hacemos para quitarle la competencia al ojo débil, de manera que su cerebro aproveche esta ventana de oportunidad para compensar la aparente falta de visión. Esta plasticidad involucra diferentes componentes funcionales y estructurales, desde las sinapsis y las neuronas individuales hasta elementos adicionales como la glía, que forman una estructura extensa de células que dan soporte y complementan la función neuronal. Es el mismo caso de los pianistas o los tenistas que reorganizan sus redes neuronales para optimizar las tareas a desarrollar o el de aquellos que sufren las consecuencias de accidentes cerebrovasculares.

Las nuevas interfaces explotan estos mismos mecanismos de plasticidad para establecer una relación íntima con nuestro cerebro. Esta hibridación puede alcanzar su grado máximo cuando la señal que determina el movimiento o la ejecución de la máquina se descodifica directamente de la propia actividad neuronal del sujeto, imponiendo una causalidad entre lo que se piensa y lo que se consigue con este pensamiento. En las interfaces aplicadas en la asistencia a personas con movilidad reducida, se utilizan generalmente los circuitos involucrados en el control motor del movimiento, ya que estos poseen esquemas neuronales suficientes para implementar las acciones voluntarias. Por ejemplo, cuando se le pide a un parapléjico que intente mover partes específicas de su cuerpo, se activan las áreas correspondientes de la corteza motora. Las interfaces utilizan estos mismos circuitos para controlar eficientemente elementos externos. En estos casos, la simbiosis entre las redes neuronales biológicas y digitales es puramente adaptativa. La máquina no es muy diferente de un piano o de una raqueta de tenis. Si los nuevos dispositivos son diseñados para explotar adecuadamente la maleable plasticidad cerebral, la interacción entre los dos tipos de redes será natural.

Las habilidades aprendidas en el ejercicio de controlar elementos externos pueden generalizarse o transferirse a condiciones no entrenadas si ambas comparten un contexto funcional. Por ejemplo, después de aprender a dirigir un cursor

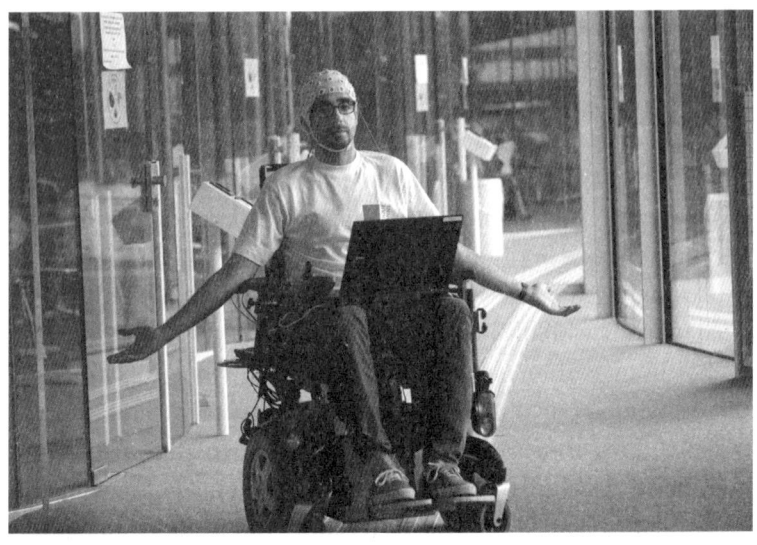

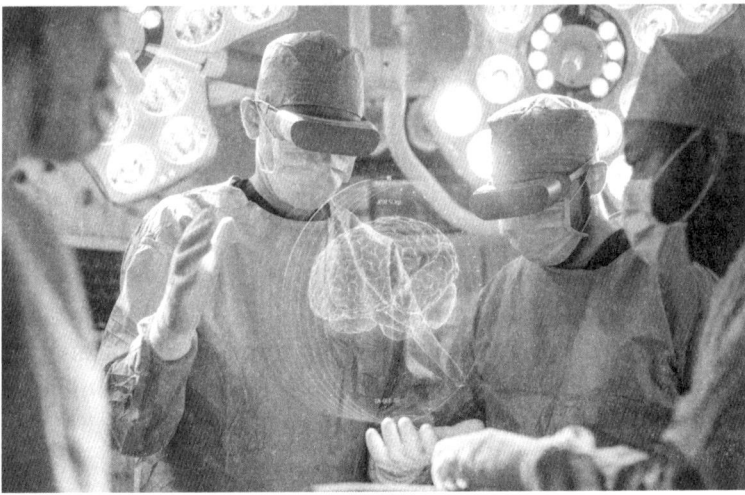

Arriba, silla de ruedas controlada por la mente mediante una interfaz cerebro-máquina que emplea electrodos EEG y elementos de inteligencia artificial. Abajo, el futuro de las intervenciones quirúrgicas pasa por la utilización de técnicas de realidad virtual y aumentada [Shutterstock].

virtual hacia una serie de objetivos, somos capaces de utilizar los mismos mecanismos para desplazar otros elementos digitales, ya que se trata en principio de reclutar los mismos circuitos neuronales. El grado de generalización disminuye cuando los contextos son más distantes, reflejo de nuestra capacidad innata para identificar patrones. Encontrar formas de generalizar el aprendizaje de las interfaces será clave para facilitar su penetración en la vida diaria. No podemos dedicar semanas a aprender a interactuar con cada dispositivo. El mundo es cambiante y dinámico. Los diseños de interfaces deben evolucionar fusionándose funcionalmente con la operativa de nuestras propias redes neuronales.

Desde la visión iniciática del científico computacional estadounidense Joseph Licklider a principios de la década de 1960 sobre la simbiosis ser humano-máquina, la idea ha alimentado debates científicos, filosóficos y éticos. Hoy en día, el futuro nos acerca esa visión de manera inexorable, acelerando un cambio radical en la interdependencia entre nosotros y las herramientas digitales. La forma en la que los nuevos dispositivos han irrumpido en nuestras vidas hace que sea mucho más verosímil imaginar un futuro conectado a una red extensa de datos y brazos que debemos aprender a gestionar. La presión tecnológica apunta hacia una coevolución en la que elementos simbióticos aprendan, perciban y actúen de manera integrada con nosotros. Esta imagen, que puede resultar a priori desafiante, no será radical ni dantesca, sino la deriva natural de nuestra aspiración de trascender al espacio y el tiempo que vivimos.

Equipados con los nuevos aparatos podremos alcanzar espacios inexplorados. Meteremos nuestros ojos en los sitios más microscópicos a donde nuestras torpes manos no llegan para mover motores diminutos que nos permitan responder muchas de las preguntas que aún nos retan. Penetraremos los resquicios más inaccesibles de nuestro cuerpo para repararnos, o las profundidades oscuras de las fosas abisales donde esperan criaturas increíbles de las que aún tenemos mucho que aprender. Dirigiremos nuestros pasos hacia los planetas y asteroides más cercanos y caminaremos por ellos, sintiendo el viento marciano en forma de sonidos y transformando sus atardeceres en imágenes evocadoras de un nuevo tiempo. Construiremos ciudades en estos territorios lejanos y nos conectaremos a ellas a través de una red ampliada que achicará los espacios hasta hacerlos sentir parte nuestra, registrando los recuerdos en una memoria colectiva a la que podremos acceder de manera intuitiva. Y en todos estos viajes, nuestro hipocampo trabajará en silencio para construir un mapa extendido que nos ayude a navegar más allá de los límites de lo conocido, donde aún nos quedará mucho por representar y codificar en las nuevas redes hibridadas con las que guiaremos nuestros sueños.

Lecturas recomendadas

ALONSO, JOSÉ RAMÓN, *Historia del cerebro*, Madrid, Guadalmazán, 2024.

ALONSO, J.R., ALONSO, IRENE, *Historia de la mente*, Madrid, Guadalmazán, 2023.

ARSUAGA, J. L., MARTÍN LOECHES, M., *El sello indeleble*, Barcelona, Debate, 2018.

DELGADO GARCÍA, JOSÉ MARÍA, *Lenguajes del cerebro*, Sevilla, Letra Áurea, 2008.

DENNET, DANIEL, *La naturaleza de la conciencia*, Barcelona, Paidós Ibérica, 2008.

EAGLEMAN, DAVID, *El cerebro. Nuestra historia*, Barcelona, Anagrama, 2017.

GODFREY-SMITH, PETER, *Otras mentes. El pulpo, el mar y los orígenes profundos de la conciencia*, Barcelona, Penguin Random House, 2017.

KAKU, MICHIO, *La física del futuro*, Barcelona, Debate, 2011.

LEVI, ANDREA, *La genética de los recuerdos*, Madrid, Guadalmazán, 2024.

MARIÑO, XURXO, *Neurociencia para Julia*, Pamplona, Editorial Laetoli, 2012.

NOAH HARARI, YUVAL, *Sapiens. De animales a dioses. Una breve historia de la humanidad*, Barcelona, Penguin Random House, 2014.

PURVES, DALE, *Neurociencia*, Madrid, Editorial Médica Panamericana, 2015

ROVELLI, CARLO, *El orden del tiempo*, Barcelona, Anagrama, 2018.

SACKS, OLIVER, *Los ojos de la mente*, Barcelona, Anagrama, 2011.

VIOSCA, JOSÉ, *El cerebro*, Barcelona, RBA Coleccionables, 2017.

Índice onomástico

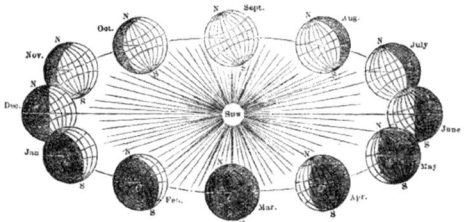

Este libro se terminó de imprimir en septiembre de 2025, mes del equinoccio de otoño, cuando el día y la noche encuentran su equilibrio en ambos hemisferios, como las dos mitades de nuestro cerebro encuentran el suyo para orientarnos en el espacio y el tiempo.

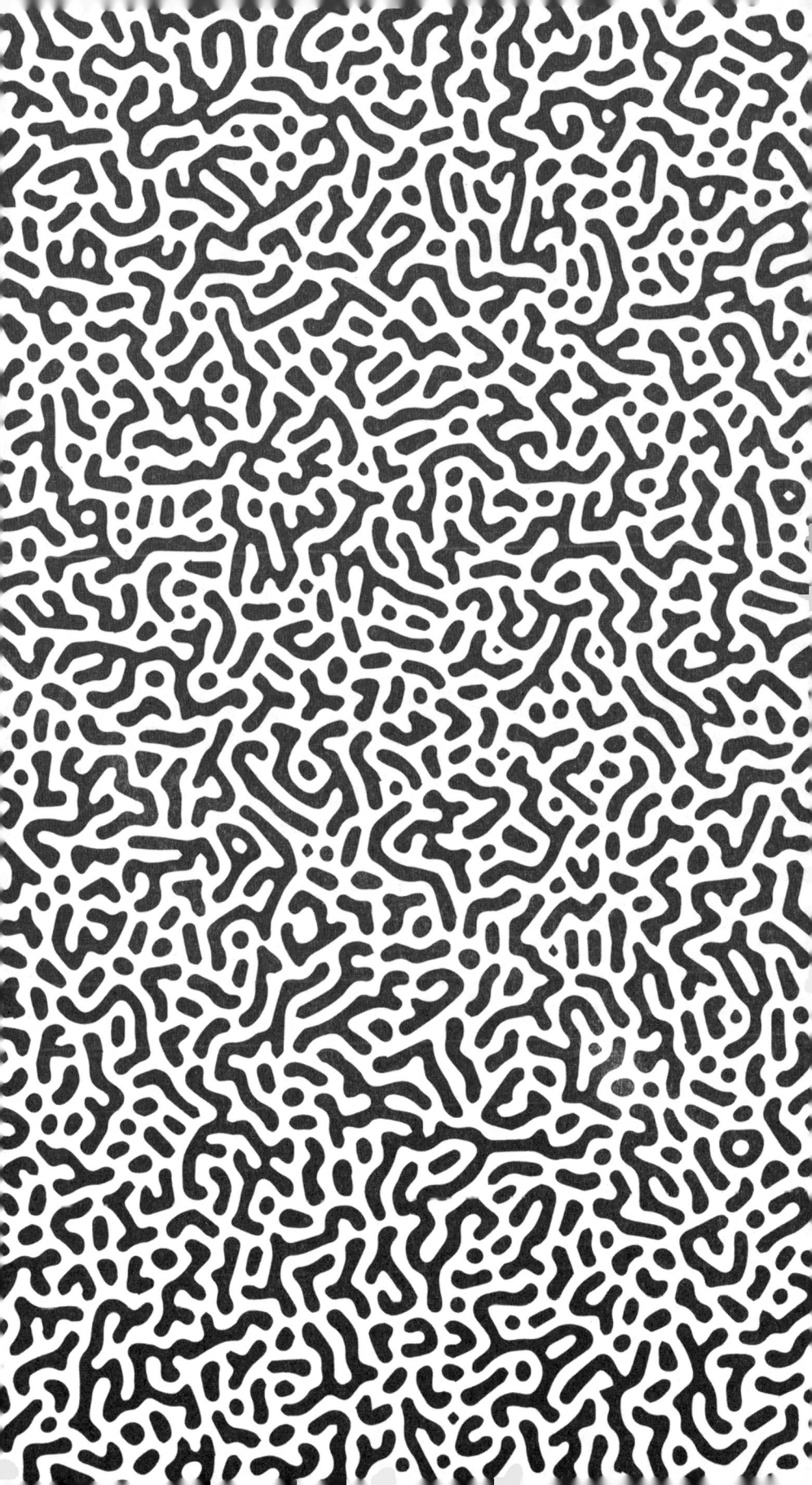

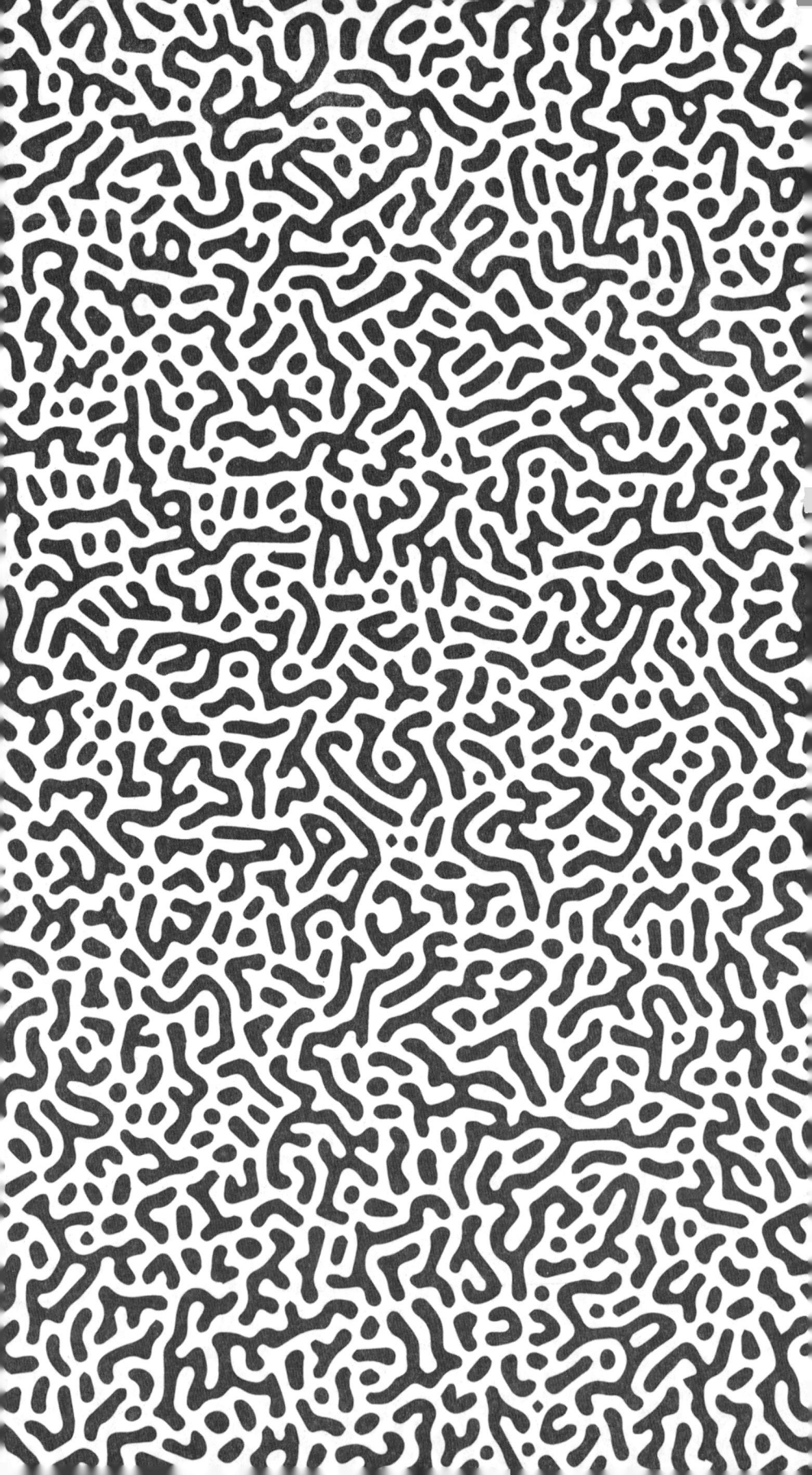